U0192163

当代科普名著系列

Making Things Work

Solving Complex Problems in a Complex World

解困之道

在复杂世界中解决复杂问题

[美] 亚内尔·巴尔-扬 著

沈 恍 译

上海科技教育出版社

Philosopher's Stone Series

哲人石丛书

立足当代科学前沿

彰显当代科技名家

绍介当代科学思潮

激扬科技创新精神

策　划

哲人石科学人文出版中心

对本书的评价

◇

21世纪是属于复杂性科学的世纪，问题在于我们或许得等上数十年才能看到其应用。然而，亚内尔·巴尔-扬提供了令人信服的案例，证明应用已经到来：利用这一新兴领域的理念和工具，很多商业和社会中的复杂问题都能得以解决。这是由复杂系统领域的杰出思想家带来的一本发人深省的著作。

——艾伯特-拉斯洛·巴拉巴西（Albert-Lászlό Barabási），
《链接》（*Linked*）的作者

◇

如果你想了解复杂系统，就去看亚内尔·巴尔-扬的书，他应该是你的第一站。

——纳西姆·尼古拉斯·塔勒布（Nassim Nicholas Taleb），
《黑天鹅》（*The Black Swan*）的作者

内容提要

为何纵使有严格的医师培训流程和先进的科学技术,美国每年仍有5万—10万人因医疗错误而丧生?美国政府怎么会在一个空中交通管制系统的更新换代项目上花费了30亿美元之巨后,却自始至终未能更换原系统的任何一个部分?为什么数十亿美元的援助没能给发展中国家带来真正的发展?为什么一小撮恐怖分子就能向美军发起挑战?为什么美国的教育系统令人如此不满?以及更重要的:人们该如何摆脱这些困境?

《解困之道》描述了如何利用复杂系统理念解决当今世界的复杂问题。通过简单易懂的语言,本书介绍了人们应如何有效地组织起来以解决下列领域面临的困难:医疗保健、教育、军事冲突、国际发展。

当面对的问题高度复杂时,个体是无法解决的,但集体可以——条件是他们知道该如何组织起来。针对社会中的诸多紧迫问题,《解困之道》解释了为何传统的组织、控制方式和计划架构无法应对这些挑战,并以新的视角展现了如何利用复杂系统研究中的新工具来解决它们。如今社会已发展得高度复杂,因而复杂系统领域的科学研究正在吸引着各方决策者们的注意。对于我们面临的挑战，新的想法至关重要。本书借鉴了复杂系统研究的一些理念——涌现、复杂度、模式、网络以及进化，来解释如何通过竞争与合作组建高效的队伍，以及如何塑造能胜任其任务的扁平化组织。每个人都能从本书诸多实用、有启发性的解困之道中有所收获。

作者简介

亚内尔·巴尔-扬(Yaneer Bar-Yam),美国科学家,新英格兰复杂系统研究所主席,被认为是复杂系统科学领域的奠基人之一,所著《复杂系统动力学》(*Dynamics of Complex Systems*)是复杂系统科学的经典教科书。他专注研究复杂系统的统一特性,使复杂系统概念体系化,并力图将之作为解答世界基本问题的系统性策略,与日常生活联系起来。就全新数学方法的发展及其在各种科学和现实问题中的应用,巴尔-扬在《科学》(*Science*)、《自然》(*Nature*)等专业期刊上发表了大量文章,内容涉及医学、细胞生物学、国际金融危机等不同主题。他在最近的工作中,分析了如股市崩溃、军事冲突、大流行性疾病、全球粮食危机等事件的起因与影响,探讨了社会网络的结构和动力学原理,以及创造力、进化和利他主义的基础。他的研究成果已在物理学、生物学和社会系统等诸多领域得到广泛应用。

本书献给我的家人：

兹维(Zvi)、米丽娅姆(Miriam)、内奥米(Naomi)、

什洛米娅(Shlomiya)、亚夫尼(Yavni)、马艾扬(Maayan)、

塔伊尔(Taeer)、萨贾耶特(Sageet)、达尼(Dani)、

涅奥列耶特(Neoreet)、莱哈韦耶特(Lehaveet)，

奥雷耶特(Aureet)与我们同在；

谢丽(Cherry)、德布拉(Debra)和卢克(Luke)，

以及我的同事、学生和博士后。

CONTENTS

目录

目 录

中文版序

我非常高兴这本书的中文版能够面世。本书的目的在于将复杂性的关键理念介绍给对科学感兴趣的人,以应对现实世界中的问题,并展现科学是如何通过新概念来拓展其范畴的。本书关注的是使我们能够突破传统科学框架的那些基本原则,也就是“道”,并展现它们如何重塑我们对于世界的理解。

这本书是十多年前写的,但它的内核在今日反而更加适用。不断加速的科技进步使世界变得愈发复杂,让身处其中的个体不知所措。因而我们对于改变思维方式的需求日益紧迫。在这个转变中,一个关键部分就是技术所引发的个体间沟通与合作方式的改变。这种合作产生了新的复杂性,而新的复杂性又使合作成为必需。这种双重性成为我们共享的很多课题和应用的焦点。

与此同时,世界正变得越来越联通,人类文明的活动范围日益扩大。这都导致人类行为所造成影响的规模越来越大。全球范围的气候反常、资源枯竭、经济动荡在世界范围的蔓延、非传统战争、社交媒体带来的社会变化,都反映出我们共同影响周围世界的能力,而这种能力常常导致一些亟须我们解决的问题。这就需要作为一个社区、一个机构、一个国家甚至一个物种的我们,能够改进合作的方式,有效应对来自外部环境不停变幻的挑战。在后文中我们能看到,这就是要求我们改变复杂度曲线。

新冠肺炎疫情就是一个典型例子。它的威胁范围是大规模人群,那么以个体为应对规模的传统医疗就无法胜任，而大规模的社会防控则行之有效。本书第十章提出，须要将高效的大规模卫生保健从当前高度复杂的个体医疗护理系统中分离出来。这条近20年前的建议如果被采纳，美国本可以大幅度降低医疗系统在新冠肺炎疫情中承受的压力，而中国防疫政策的成功证实了这些观点。中国的防疫政策在多个规模上都呈现出复杂度，包括激发社区采取大规模行为，并有效控制了疫情。

成功的防疫政策需要对根除疫情所需的抉择有深刻的理解，这引向了将社会作为一个整体动员起来的选择和决心，以及行动。这种应对复杂挑战的方式，在今后社会各个领域会变得越来越重要。

中国对新冠肺炎疫情防控的成功并不让我惊讶，因为系统思维在中国哲学和中医里根深叶茂。比如说，“气”的基本观念似乎就源于动态依存，而后者在还原论主导的西医中就有所缺失，因为西医主要以部分的病变来解释病症。在中国近年举国范围的努力中，不管是疫情防控、精准扶贫，还是以基建（而非直接经济援助）为核心的对外援助策略，都体现出对复杂性的理解和应用。

本书的译者沈忱是我在NECSI（新英格兰复杂系统研究所）多年来的学生和同事，我也很感激和北京师范大学系统科学学院长期以来的友谊。从20世纪90年代第一次到中国并目睹自行车四车道开始，我就一直在关注中国的飞速变化。在随后的多次中国之行中，我都目睹了中国在适应一个后工业社会的过程中所展现的活力。很多根植于后工业时代复杂性的挑战，中国将会在世界范围内头一个面对。中国能够成功地运用系统科学知识来应对日益增长的复杂性难题，不仅会造福本国人民，也将惠及世界。我真诚地希望本书在这个过程中能助到一臂之力。

亚内尔·巴尔-扬

2021年5月

译者序

我于2017年新英格兰复杂系统研究所(NECSI)举办的夏校中初识亚内尔,当时就折服于他在多个学术领域的精深造诣,以及他将不同领域理论融会贯通的能力。他的独到见解令满座学生在知识的海洋中游目骋怀,而不论我们之前的背景是工程师、环境活动家、设计师、护士,或是企业家。当时那种醍醐灌顶的感觉我至今难忘,研究生毕业后便投至其门下研究复杂系统至今。

在工作过程中我接触到了这本《解困之道》(*Making Things Work*),它可以说是亚内尔复杂系统思想的一个浓缩,尤其是不同系统的复杂度曲线如何导致其在不同的环境挑战中成功(或失败)。不同于我们读过的大多数复杂系统入门读本,这本书在介绍涌现、模式、网络、可能性空间等复杂性科学的关键概念后,将更多的笔墨着眼于现实世界中的复杂问题,以及复杂性科学能为解决它们提供哪些思路和工具。哪怕读者之前对复杂系统闻所未闻,这本书提供的也不是一些新奇而飘忽的谈资,而是我们对这个世界如何运行的更深的洞察和理解。这个过程就像约翰·霍兰在其《隐秩序——适应性造就复杂性》(上海科技教育出版社2019年版)中所言的,提高我们内部模型的效能。

正是出于这种理解,早在2020年初武汉尚未解封、新冠肺炎疫情刚开始在世界范围流行之际,亚内尔就判断中国很快会成为世界上最安全的地方。因为“中国防疫策略的复杂度曲线和新冠疫情挑战的复杂度曲线是吻合的”。相传古希腊哲学家泰勒斯曾靠着租赁榨油机大赚一笔，证明其哲学同样能作用于现实生活；以相似但不同的方式，亚内尔通过其复杂性理论对社会作出的很多精准预判，也在证明着霍金所言的“21世纪将是复杂性科学的世纪”。

作者在书中反复强调，系统的结构一定要适应其独特的环境挑战。本书的第二篇包含了亚内尔针对军事、医疗、教育、工程等诸多方面的观察和改进建议。在阅读这些部分的同时，也希望读者认识到这是作者在他所处的时间、社会中观察到问题而提出的方案，我们阅读的重点应该在于作者如何利用复杂性思想去解决这些问题，而不仅仅是解决方案本身。正如他在关于国际发展的章节中所言：“我们不能简单地假设，让19世纪的英国得以工业化的那套结构和机制，能用来发展21世纪的尼加拉瓜。”

本书的翻译要特别感谢北京师范大学系统科学学院的陈清华老师和上海科技教育出版社的编辑，他们的工作大大提升了本书的准确性与可读性。同时，因本人水平所限，书中难免存在不足，敬请读者指正。愿这本书给读者带来我第一次听亚内尔讲课时的快乐。

沈忱

2021年5月

解困之道

如今，我们总说周遭的世界是高度复杂的。复杂性在一切事物中显现，从个人关系到企业面临的挑战，再到对人类状况和全球福祉的担忧。作为一个全球化的社区，我们正处在从工业时代到信息时代的转变过程中，这一过程从我们身边的万事万物中一再反映出来。我们的生存日益复杂，既体现在汹涌而来的海量信息中，又体现在社会的变化速度中。作为个体，我们难以应付这所有的信息和改变。从某种意义上说，更重要的是我们的社会也同样难以应付这些改变。

我们在关键时刻所倚赖的经济和社会机构，包括医疗和教育系统，同样在改变以应对新挑战，而这些转变有时并不从容自如。从企业管理到系统工程，各种职业活动也需要新的方法、见解和技能。一些全球关切的问题在这些变化之下更显紧迫，例如环境破坏和贫困——不管是发展中国家的，还是发达国家的。

尽管我们花了很大力气来寻求解决方案，但它们时常难觅影踪、扑朔迷离。哪怕在我们自认为有所进展时，今日的解决方案也可能会给明日埋下更多隐患。这是因为复杂问题本身就没有简单的解法。任何的行动都可能有隐藏的后果让情况更糟糕，从而让我们的策略与初衷南辕北辙。这些复杂问题久久萦绕，反复困扰着一代代人。人们在应对这些问题时往往要经历几个阶段：从最开始的无从下手，到调集众人的努力并筹措资金以设法解决，再到绝望、退缩，然后尝试将这一切失败合理化。取得的成果和消耗的人力、物力、财力相比，微不足道。纵使各种技术飞速进步，人们也很容易对当今世界感到悲观。然而，如果我们认识到有效合作可以解决非常复杂的问题，就还有希望。可惜的是，当遭遇难题时，人们的反应往往不是这种有效合作。我们意识不到合作时我们拥有的力量，而总是倾向于将责任怪罪到一个人头上。

当问题出现时，人们总偏好去弄清谁该为此负责。哪些人该被开除？哪些人得付出代价？哪些人要受到惩罚？现今，人们在这方面向前迈出了重要一步，开始逐渐采用一种“系统的角度”看待问题，并意识到问题的成因有很多，多到无法逐一确认。这就是“错在系统”的观念。不幸的是，仅仅靠这一步还不足以知道如何解决问题。大多数时候，当我们听到有人说“错在系统”，其言下之意就是他们放弃了尝试解决问题的努力。系统的复杂性让人望而却步，根本看不到明确的解决方案。这些感觉导致我们彻底无从下手！本书的目的就是提供一些方法，用于思考如何解决与系统有关的问题。

当搞不懂“系统”时，现今的人们会怎么做？他们尝试让一些人负责去解决问题，去监督整个“系统”，去对其进行控制和协调。我们需要认识到，“系统”就是我们合作的方式。当我们无法有效合作时，让某个人去负责就容易导致事与愿违，因为没有哪一个个体能对“系统”有充分的了解，以至于能够负起责任。我们要学习如何改进合作的方式，不以指定一个负责人的方式来改善“系统”，方能解困。

在我们解释问题如何产生、如何解决之前，我们先要对系统如何运作有一些了解。科学在这里就能帮上忙了。多年以来，我们都感觉混沌和复杂性——这些颇有前途的科学探索新领域——对我们认识自己所处的世界有着根本的意义。格雷克（James Gleick）1987年的著作《混沌——开创新科学》（*Chaos: Making a New Science*）以及之后很多其他著作让公众认识了这些研究方向。大部分关注点在于认识自然内在的不可预测性,以及由此而来的社会内在的不可预测性。然而,除了在湍流、气象学等自然界的复杂问题中引人入胜的应用之外,复杂系统科学还能告诉我们关于这个世界的秘密,包括人类自身以及人与人之间的互动,而不仅仅说"这个世界是无法预测的"。那些帮助我们分析复杂系统的概念,通常也能指导我们解决眼下的问题。

本书将描述一些复杂系统科学研究中发展出来的概念,但在这里它们被用来解决人类世界中的复杂问题。我们会探讨美军将复杂性理念整合进实践而取得的成功以及不这么做时遭遇的失败,还会讨论困扰着医疗和教育系统的效率问题,以及发展中国家社会经济发展的新理念。我们也将讨论大型工程项目,比如对陈旧的空中交通管制系统进行现代化改造的尝试。在上述各领域,复杂系统概念都能给如何解决这些盘根错节的困难问题提供新思路。

很多管理类书籍都使用了复杂系统概念,比如说自组织和网络。然而,它们提供的很多应对方案没有考虑到其中的矛盾和取舍。当今的主流想法是:高度连接的网络总是个好办法;自组织能达成所有目标。"整合""互联"这些词用起来就像它们和"好的"是同义词。这种主张有失公允。它们曲解了复杂系统科学为解决现实世界问题提供的最重要的见解。通常,没有哪种方案可以解决所有的复杂问题。用管理学的话来说,就是没有适用于所有案例的"最佳实践"。一个问题的解决方法取决于该问题本身的类型和结构。

然而,有些针对复杂系统的思考方式几乎总有效果。它们将问题的性质和解答的性质联系起来,就像一种阴阳互补。经过多年在复杂系统领域的研究,我和我的同事们发展了一套理解复杂系统的方法,它基于几个基本观念:

- 集体行为(模式)的机制;

• 多尺度视角(不同的观察者描述系统的不同方式);

• 能够创建复杂系统的进化过程;

• 目的或目标导向行为的性质。

不管是用来讨论生物分子还是企业,这些交织的方法帮助我们对复杂系统进行分类,认识它们的功能能力,并发展一个可以衡量它们优缺点的框架。

本书涉及的主要主题包括:

卫生保健/医疗系统。医疗保健系统正在费力地应对一种分野:一面是大规模无差异化的资金流,一面是具体医生针对具体病人进行仔细诊断后形成的高复杂度的治疗。当下,一些用工业时代方法来提高效率以降低成本的方案和高度专业化的治疗不兼容,并导致了医疗质量的下降和层出不穷的医疗事故。更具体地说,医疗系统出现的错误(如同其他系统出现的错误)源于该系统并没有针对其高度复杂的任务精心设计。

教育系统。用大规模力量来解决社会问题的传统方法现在被用来解决教育系统的复杂问题。尽管很多学校存在真切的教育质量问题,但现在通过标准化测试来解决问题的方案已经过时。对学生、学校、学校系统和课程评价的标准化测试是工业时代的批量生产方式,旨在生产统一产品。信息时代的复杂社会需要多样化的技能,更不用说,个性化需求和天赋也无法通过批量生产来实现,后者只能"制造"标准化的、最终拥有最低级共同能力的学生。

企业管理。从20世纪80年代起,管理界开始认真作出改变,以应对来自客观环境的高度复杂的挑战。如今,传统层级控制架构的无能已越来越明显,对了解分布式控制、自组织和网络的需求也越来越强烈。近来一些知名企业的财务惨状便是管理层与公司职能分离的最新证据。讨论信息时代的公司时,重要的是要意识到不存在一套"最佳实践",而主要的组织原则就是将系统的结构与其环境及功能相匹配。对系统功能需求的关键特征的认识,可以指导关于组织结构和信息流的选择。此外,组织学习和变化的主要机制是通过进化过程。最后,对个人和公司范围网络的关注就是将关系(而非个体)置于中心的一种抽象方式。

国际发展。健全的经济体是一个高度复杂的组织。要想预期、设计、计划这样一个系统的行为是行不通的。目前,类似于世界银行这样的发展机构的主要手段仍然是针对预期效果对干预措施进行详细计划。几乎任何大规模的干预都会导致不稳定,因为这种干预从根本上就与(现有或期望中的)社会经济精细的依存关系不兼容。因为复杂系统的存在与其环境有关联,因此每个国家的经济和环境(国内和国外的自然、人类环境)有一种自洽的关系,在发展工作中必须认识到这种关系。此外,任何干预都会和系统功能相互纠缠,于是任何直接干预都和其促进国家有效独立运作的宗旨自相矛盾。我们需要关于模式形成和进化动力学的见解,来克服社会发展工作中的这些障碍。

军事。美军从越南战争和近年来其他军事冲突中学到了关于复杂军事的重要经验——在阿富汗战争中,美军就使用了与1991年海湾战争迥然不同的军事战略。有效行动的关键在于认识到地形、敌军和政治背景的复杂性,以及这种复杂性对目标设置、策略、行动和战术的影响。这些认识如今已被纳入军事理念、技术创新和现代化项目中。在很多情况下,军方都明确表示其对复杂系统一般性研究中的观点的认可。不幸的是,在之后伊拉克战争的计划中,这些经验教训却被忽略了。

工程。在20世纪90年代中期,一个耗时12年之久、耗资30亿—60亿美元之巨的对美国空中交通管制系统的更新计划被彻底废弃,其间没能更换原系统的一钉一铆。现存的系统开发于20世纪50年代,还在使用真空管技术。这只是众多失败的系统工程的一例。哪怕杰出的工程师运用了完善的顶尖技术，问题仍然会出现。设计并建造新系统或更替高度复杂的系统对于政府（军事或民用）和大型企业极为重要，而其中的问题却频频出现，这表明传统系统工程的能力已经到达了极限。现在，我们须要基于对自然界中复杂系统如何产生的了解，开发一种复杂系统工程的新策略。

国际恐怖主义。我们应该从全球变化的角度去理解现代恐怖主义和非对称战争的挑战。潜在的冲突主要来自全球的文化差异化进程。"文明的冲突"不是征服欲望的体现，而是明确各地截然不同、互不相容的文化系统间界限的过程。加快设立一些明确的界限，似乎是实现世界和平的最佳策略。同时，这也是降低极端主义团体从事恐怖活动能力的关键。与之相比，清除特定的个人不太可能有效降低恐怖主义的总体威胁。

本书中有些基本思想已经有其他人讨论过，但很多都还没有。它们基于我自己对于复杂系统的研究。它们在现实问题中的应用则是源自我作为新英格兰复杂系统研究所（New England Complex Systems Institute，简称NECSI）所长的多年经验。我应邀以这重身份制定了一些教育计划，并给军方、世界银行等讲授复杂系统思想。我还开发了一套管理层教育项目，针对各个领域的管理者，尤其是医疗保健行业。另外，我也受邀研究教育系统和系统工程中的问题。

对这些问题的探索让我更加确信，哪怕只是基础部分，复杂系统的研究也具有很强的实用性并能被大量使用。通过科学研究来增进对复杂系统的了解才刚刚起步。这是一个激动人心的时代，我们走出了传统的研究范畴，发现自己现在有了新的方法和观念，来帮助回答我们所面临的一些关键问题。

本书讨论的一些挑战，比如医疗和教育改革，多年来都被称为"危机”。尽管投入了大量的金钱和精力，但多数努力仍然无效且停滞不前。在其他一些领域，例如工程和国际发展，人们普遍感觉到方法正在发生变化，但仍缺乏用于分析并建设性解决问题的全套工具。对于军方，他们已经研究复杂性很多年了，而当他们应用了其中的经验时，结果的确大不相同。

本书中关于以上每个问题的探讨，都是用复杂系统概念来理解系统并解决问题的案例研究。这些例子也说明了我们如何运用复杂系统思想来理解身边的世界，包括我们自己的日常经验。

培养使用复杂系统视角的能力需要新的思维方式。在本书的第一篇里，我们会描述一些复杂系统的关键概念。这些概念——例如涌现和相互依存——关乎系统各部分间的关系，以及这些关系如何塑造系统行为。毕竟，社会的运转就源自人与人之间的关系和互动，而非每个个体的行为。人们互动的结果就是行为模式。我们将看到在没有人明确告知他人该怎么做以构建这些模式的情况下，模式是怎么从互动中产生的。借助对大脑中神经元如何互动的理解，我们将展示行为模式如何服务于目的。我们会发现产生的模式和系统的组织方式有关，也就是谁和谁能互动。我们将更广义地观察系统能实现的一系列行为，以及这一系列行为如何和系统组织方式关联。有些组织擅长应对复杂任务，而有些不行。不出所料的是，中心化控制或者层级控制的机构无法执行高度复杂的任务。这意味着如果要解决复杂问题，我们就得弄清楚怎么创建分布式或网络化组织。最后，我们将学习进化，也就是如何在没有计划的情况下（没有计划很重要，因为计划反而是行不通的！）产生真正复杂且有效的系统，包括分布式或网络化组织。与关于进化的通常讨论相反，它不仅仅关乎竞争，也总关乎合作。竞争与合作在组织的不同层级展开，就像在团队运动中运动员彼此合作以提高团队竞争力一样。建立一个有效的组织，就像是组建一个成功的团队。

通过对这些理念的讨论，我们可以解释人们该如何合作解决复杂问题：首先是个人行为如何组合，然后是怎样让它们更有效，最后是如何随着时间推移改进这种效率。

本书的第二篇将这些理念应用到上文提及的现实世界问题中，以展示我们该如何组织起来以应对这个复杂世界中的复杂问题。

第一篇

概　念

第一章

部分、整体和关系

部分、整体和关系

科学家观察事物并尝试去搞清楚它的功能,以及它如何实现这种功能。关于世界的一个关键认识,就是万物都由其部分组成。于是,科学家们自然希望通过研究部分如何运作来尝试理解整体如何运作。当我们聚焦于其中一个部分时,会发现它也由自己的部分组成。因此,接下来就要进一步去理解部分的部分如何运作。如此往复,将整体一再细分,直到我们都忘了自己最开始想去理解的是什么!

设想一下构成人体的各个层级:身体是由九大系统构成的,每个系统由各类器官构成,器官由组织构成,组织由细胞构成,细胞由细胞器构成,细胞器由分子构成,分子由原子构成,原子还能进一步拆分为基本粒子!所有的生物系统都由相同种类的分子构成,不管是包括人在内的动物还是植物;万物皆由基本粒子构成,不管其是否具有生命。对于这些强有力且令人惊讶的见解,当代科学家已习以为常。物理学家认为树木和岩石源于同样的组成部分,于是他们认为研究基本粒子就是研究万物;生物学家认为人类和树木源于相同的组成部分,于是他们认为研究生物分子就是研究一切生命。这种方法所忽略的,是组成部分之间存在的关系[1]。毋庸置疑,通过将整体拆分,科学取得了令人难以置信的进步,而同时,另一个事实也渐渐明确:很多重要问题的答案就蕴含在部分与部分之间的关系中。解决任何问题的难点之一,在于我们以为问题出在部分之中,而事实上问题出在部分与部分的关联方式之中。这本书将解释为何理解部分间隐含的关系是如此关键。

科学家通常认为部分是通用的,而部分间的关联方式取决于具体的系统。然而对于研究复杂系统的人来说,部分间如何关联也有其通用性。研究这种通用性,有助于我们去理解各种类型的系统,包括像天气这样的物理系统、像人类大脑这样的生物系统和像美国经济这样的社会系统。

"复杂系统"是一种新的科学途径,其重点在于研究系统部分间的关系是如何决定整体的行为,以及系统如何与所在环境互动并与之关联[2]。社会系统(部分地)源自人之间的关系,大脑的行为产生于神经元之间的关系,分子形成于原子之间的关系,天气模式发端于气流间的关系。社会系统、大脑、分子和天气模式都是复杂系统的实例。复杂系统研究横跨科学的各个领域,包括工程、管理和医学。同时它和人文也息息相关,包括艺术、历史和文学。它关注针对关系的问题,以及这些关系如何将部分结合成整体。这些问题和我们关心的一切系统都相关。

如今,大量的科学进步使得复杂系统成为一个激动人心的研究领域。在本书中笔者不可能对此一一枚举,但我将尝试让读者品尝一二,继而激发读者对这个领域的兴趣。在本章中我将介绍两个概念:涌现(emergence)和相互依存(interdependence)。然后,在接下来的六个章节中,我会描述当代研究复杂系统的三种相关联的方法(分别在第二、四、六章),并一一配以有趣的延展应用(分别在第三、五、七章)。

第二章探讨部分间的互动如何形成自组织模式(self-organized patterns)。比方说,通过描述人与人之间影响的简单模型,我们就能理解一些看似神秘的现象,如流行和群体恐慌。在第三章我们将看到基于网络结构的影响模型能用来研究更复杂的社会行为模式，或是大脑中神经元的行为模式。利用这些模式，大脑的网络结构可以和意识的抽象概念联系起来。为展示其可能性，我们会探讨大脑的结构是如何影响人类创造力的，然后以类似的思维来研究社会网络，揭示我们该如何去思考人们的合作方式。

第四章讨论我们该如何去思考对复杂系统的描述，以及如何将我们的直观认知精确化。我们会发现复杂性(complexity)和规模(scale)是彼此制衡的。在这里，“规模”一词的用法如同其在“经济规模”或“经营规模”中一样，表示发生的行为的尺度。这个观念将涉及可能性空间(space of possibilities)——系统可能呈现的所有模式，而非仅仅真正发生了的那一个。在第五章中，我们将看到复杂性和规模间的制衡能帮助我们理解社会系统是如何构建的，以及历史的变迁如何导向一个网络化的全球文明。

第六章讨论进化，以及大量微小变化的积累是如何有效地生成复杂系统的。思考进化的传统方法是将这些生存竞争视为变化的原因。然而我们有必要认识到，这并不是全部。合作和竞争不可分割，进化的一个核心部分就是形成群体以及集体合作行为。在第七章中我们将说明合作行为和竞争行为如何相互生发。这些都是探讨团队运动时很自然的概念。

作为认识复杂系统的第一步，我们将从两个概念开始：涌现和相互依存。

涌现[3]

在图1.1中我们看到山上的森林，在图1.2中我们看到树木和其他动植物。森林是由很多动物、树木及其他植物组成。图1.2可以视为图1.1中某一部分的放大结果。“一叶障目”这一说法，就体现了复杂系统的一个基本见解:当聚焦在系统的一个小尺度细节或情形时——比如个体树木的生长发育、特定动物所食用的植物类别——我们就有错过全局的风险。当我们把镜头从小尺度拉回到大尺度时,我们会突然意识到森林有着它自身的更高层级的行为。比方说,林火和树木重生就是森林的自然行为的一部分。

图1.1　森林和山丘(大尺度*图景)

图1.2　树木和其他动植物(小尺度图景)

---

* 本书中,"规模"和"尺度"都对应原文的scale,视中文习惯对应使用。——译者

当今绝大部分的科学都聚焦在“树”上，研究系统的部分，并往往是孤立的，而忽略了更高层级的现象。这种研究方式给有效理解复杂系统制造了障碍。然而，仅仅关注全景也不够。森林作为整体所做的一切都是由树木和其他动植物的行为组成的。森林的行为是**集体的**(collective)：它们是系统各部分的共同作用。确实，在很多情况下森林的行为是树木自身不会(甚至无法)完成的。

在常规观念中，观察者要么考虑树木，要么考虑森林。近观树木者失之整体，远眺森林者失之细节。如能在两种尺度下自由切换，我们就能看到树木的哪些方面和森林层级的行为是相关的。从总体上理解这种关系就是对涌现的认识。**涌现**指的是系统的细节和更大层面之间的关联。涌现并不强调细节或整体中的任一者，它关注的是两者间的关联。具体来说，涌现力求发现对于全局而言，哪些细节重要？哪些不重要？个体的属性如何导致了集体属性？系统在宏观尺度的行为是怎么由具体的结构、行为、关系导致的？

当我们研究涌现时，我们的观测之眼要融合不同尺度。我们要同时看到树木和森林(以及中间的尺度)，看到树木和森林是如何联系起来的。为此，我们要能看到细节又能忽略细节。其中的窍门就是在关于树木的诸多细节中，知道哪些对于森林宏观尺度的行为是重要的。

相互依存[4]

研究复杂系统也有助于我们理解间接效应。传统方法无法解决的难题，往往难在其因果之间不明显的联系。在复杂系统的一处施力，往往在另一处会有反应，这是因为系统部分间的**相互依存**。这一点在我们尝试解决社会问题以及规避人为因素导致的生态灾难的努力中已愈发明显。复杂系统科学为这些难题提供一系列复杂的工具，包括帮助我们理解系统的一些概念、让我们能更深入研究系统的分析方法，以及用来描述、建模或模拟这些系统的计算机技术。

我们可以从思考部分如何相互影响开始。如果我们将系统的一部分移除，这个部分会怎样，剩下的系统又会怎样？这种移除的效果时小时大，时多时少。我们不妨设想从下面三项中分别取走一部分：材料（一块金属或一些液体）、植物和动物。

当我们从材料之中移走一小部分（图1.3），这部分和剩下的材料的内在特性都基本没有改变。两者都不会"察觉到"这一分离。

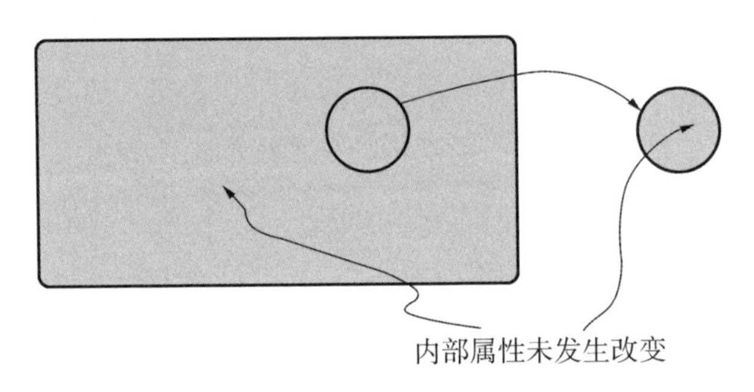

图1.3　移除材料（液体、固体或气体）的一部分

如果我们将植物的一小部分取走（图1.4），比如一个树枝或一些根茎，通常植物本身会照常生长。虽然对于一些关键部分存在例外，比如割开树干的侧面部分，但总的来说植物不会受到严重影响。但同时，被移除的部分（树叶、树枝或根茎）会深受其害。除非在很特殊的情况下进行嫁接或培育，不然这部分往往会死亡。

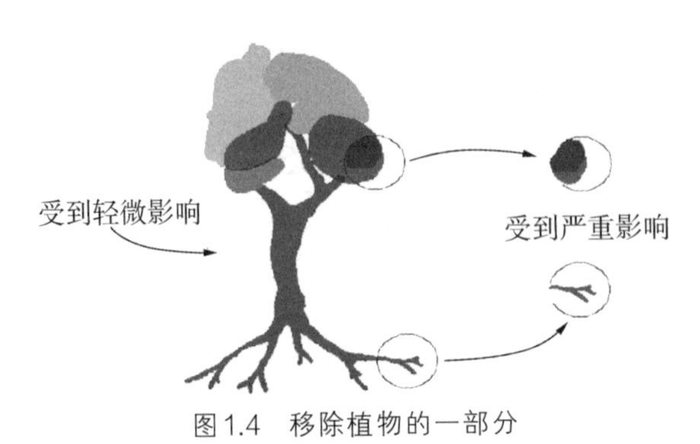

图1.4　移除植物的一部分

现在设想从动物身上取走一小部分(图1.5)。想想都疼！我们现在说的可不是剪剪羊毛这种表面工作。从动物身上移除一部分往往会对该部分和整体都造成毁灭性破坏。

图1.5　移除动物的一部分

这三个例子(材料、植物、动物)体现了三种截然不同的相互依存关系。意识到这种区别的存在是描述所有我们感兴趣的系统的重要一步。想想你的家庭和所在的组织,并试着回答下列这些问题:部分间的依存关系有多强？如果一部分被移除了会怎样？移除的是哪个部分,会有影响吗？这些问题是理解系统以及理解我们的行为会如何影响该系统的关键。在我们思考这个世界时,仅仅是提出这些问题,我们就向理解关系和关联性迈出了重要的第一步。

第二章

模　式

什么是模式形成?

汽车在生产线上组装时,每个部分被仔细安装在特定的位置以组成一种能实现特定功能的结构;艺术家作画时,他将一个个色块置于特定的位置来完成他希望的设计;然而在自然界,有时哪怕无人来放置,模式也会产生。这些模式仿佛是自己形成的,是**自组织**的。有时候,这些模式是规则的,比如沙滩上或沙漠上沙的涟漪(图2.1)。

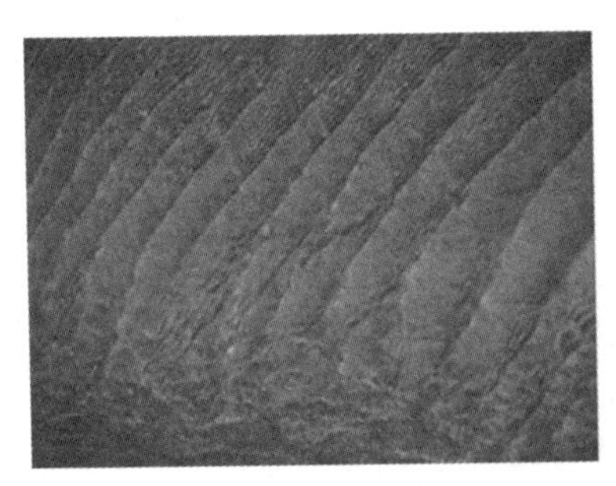
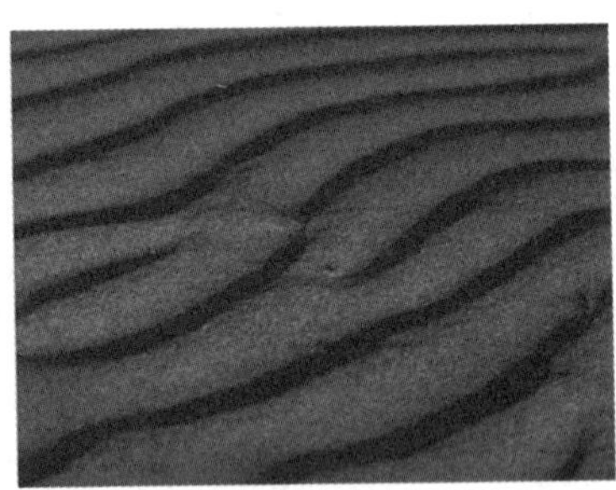

图2.1　自然中的规则模式

最引人注目的模式之一就是人体本身。一如其他动物,人体由单一细胞通过**发育**过程成长(图2.2)。在发育过程中,有些细胞形成了心脏,另一些形成肝脏或骨骼,并没有某个主体(agent)来将之各安其所。但当整个过程完成时,各部分却精密地协同运作。细胞们怎么知道该去往何处,以及在身体各部分形成怎样的结构、完成怎样的功能呢?

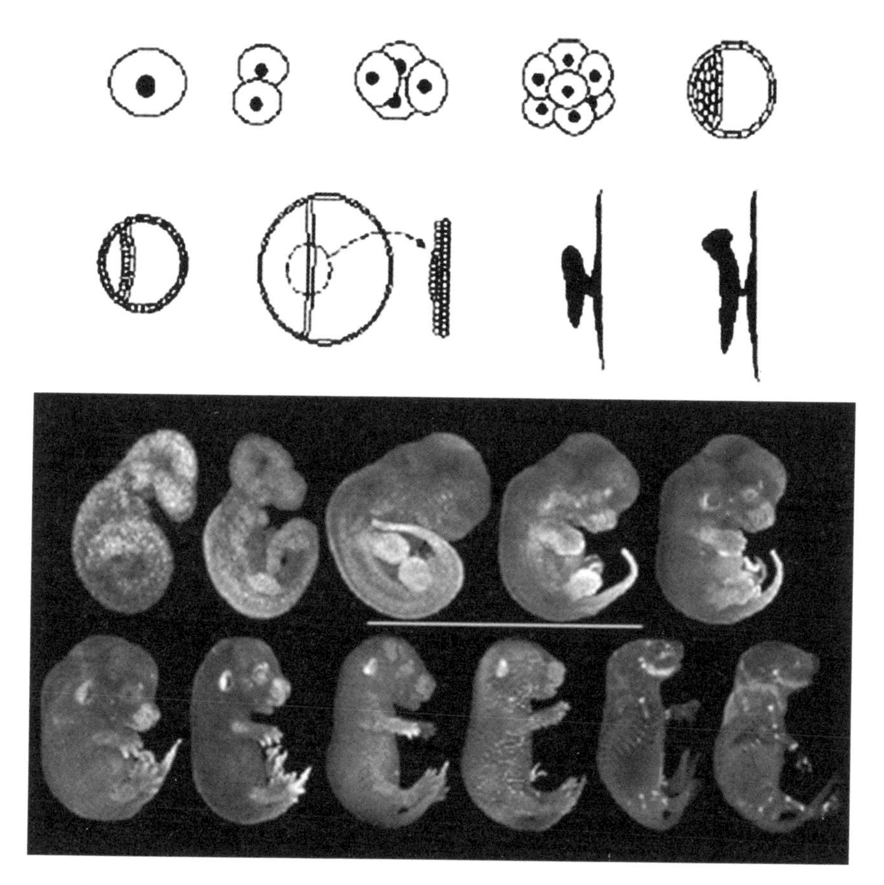

图2.2 小鼠发育。前两行为示意图，后两行为发育过程中小鼠的影像。
[图片授权感谢史密斯(Brad Smith)，林尼(Elwood Linney)
以及杜克大学体内显微术中心]

曾经，人们认为在最初的细胞中有一个微缩的人类，一个“微型人”(homunculus)，而发育过程不过就是这个“微型人”在尺度上生长，成为一个正常人类。现在我们知道并非如此。然而，最初的细胞中的某种物质从某种意义上“包含”了其未来会发育成的人：那便是细胞核中的DNA储存的信息。人们把DNA比作“蓝图”是有误导性的——就像“微型人”的观念一样。蓝图是展示预期结构的图片，每个部分都在其该在的位置，而DNA中的信息并不是人体结构的某种再现。DNA以某种我们尚未完全确定的微妙方式告知细胞如何和其他细胞“沟通”。细胞就是在这种沟通过程中构建了整个身体。试想一下,我们告诉一块砖如何与其他砖沟通,少顷,房子便拔地而起,甚至还包括窗户和排水、电力系统。纵使我们有能移动且能变成管道、电线和绝缘层的砖头,这也很难想象。

作为科学家,我们想知道这种自组织过程在自然界中是如何发生的。我们想知道模式形成的机制以及如何确定生成的模式。除了了解胚胎发育外,这还有更广泛的意义。一些行业的基础就在于如何可靠并灵活地构建复杂结构。如果我们能利用自然的模式形成过程,就能彻底改变工程和管理的现状。设想一下,如果无须指定系统的每个细节该如何构建,而是去指定一个构建整个系统的流程,那将会有多大的不同。这个流程将利用自然动力来帮助我们创造想要的东西。

复杂系统的一个核心观念是:外部力量无法独立解释复杂系统是如何形成的——包括在经济和社会系统中的人类行为模式。不管是理解流行时尚和群体恐慌的产生还是分析每日股市震荡,人与人之间的互动都至关重要。不管哪天翻开《华尔街日报》(*Wall Street Journal*),你都能看到详细解释前一天市场涨落原因的文章。然而,这些解释并不充分且常常自相矛盾。市场是一种自组织模式,其行为只有在充分了解了买卖双方间的互动后才能被充分有效地描述。

简单模式实例[1]

为了了解我们在自然和社会中观察到的模式,我们不妨从一些十分简单的模式开始。设想幼儿园的孩子们坐成一个圆圈。如同孩子们经常做的那样,他们和自己的邻座讨论想买什么玩具:宝可梦(Pokémon®)卡牌或是豆豆娃(Beanie Babies®)公仔。在图2.3中,第一行表示每个孩子刚来到班上时想玩什么:黑色表示宝可梦卡牌,灰色表示豆豆娃公仔(为简单起见,他们的选择被画在一行中,但请将之想象成一个首尾相连的圆环,于是最靠边的两个孩子是彼此的邻座)。为了考察他们交流后会导致什么结果,我们每次聚焦在一个孩子身上来看看他在做什么。比方说,左起第二个点是一个最初想买豆豆娃公仔的男孩,然而他沮丧地发现他自己两侧的朋友都想买宝可梦卡牌(左一、左三都是黑点)。为了有人一起玩,他改变主意决定买卡牌了。

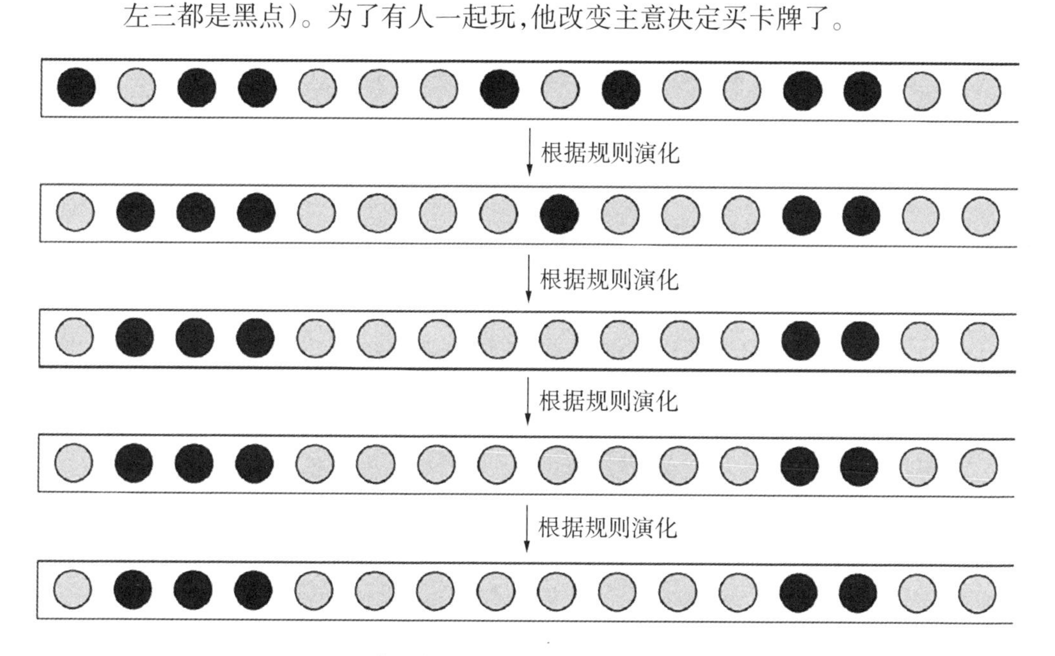

图2.3 宝可梦还是豆豆娃?一个流行趋势模型

设身处地想象你是其中一个孩子。但凡你两侧的邻座中有一个想买的玩具和你一致,你就会对自己的选择感到满意。但是,如果他俩都选择了另一种玩具,你就可能产生怀疑:买一个只能自己一个人玩的玩具真的是个好主意吗?我最好换成他们想玩的那个。如果所有的孩子都根据这样的原则来决定他们想买的玩具,我们就会得到如同图2.3中第二行所展现的新状况。

留意靠近中间的那个灰点,这是一个最开始想买豆豆娃公仔的女孩,但她因为邻座的选择而改变了主意。哎哟!几分钟之后,她的邻座们也都改变了主意。希望她在去商店之前还有时间再和他们聊聊并重拾初心。下一行展示的便是孩子们再一次和邻座们讨论之后更新想法的结果。

让我们看看经过多次反复后,圆圈上的决定模式有何改变:孩子们形成了宝可梦和豆豆娃买家的小群体。这种群体一旦形成,就会保持下去。这个模型的动力特性可以用来表征其他类似的情形,比如在一个双候选人的选举中投票或者在股票市场上进行买卖。当人们相互交流时,自己的喜好亦随之改变。

我们可以利用类似的模型来思考某个空间内恐慌的传播。设想人们坐在一个拥挤的礼堂中,他们能感知到紧紧包围自己的人,也就是前后左右四个人和对角线方向四个人。如果一个人周遭有足够多的人开始恐慌,他也会跟着恐慌,哪怕之前他很平静。图2.4展示了几种不同情况下个体如何受紧邻的人影响。每个3×3的矩阵中,黑色方块表示恐慌的人,白色方块表示冷静的人。如果矩阵中有至少四个人(包括

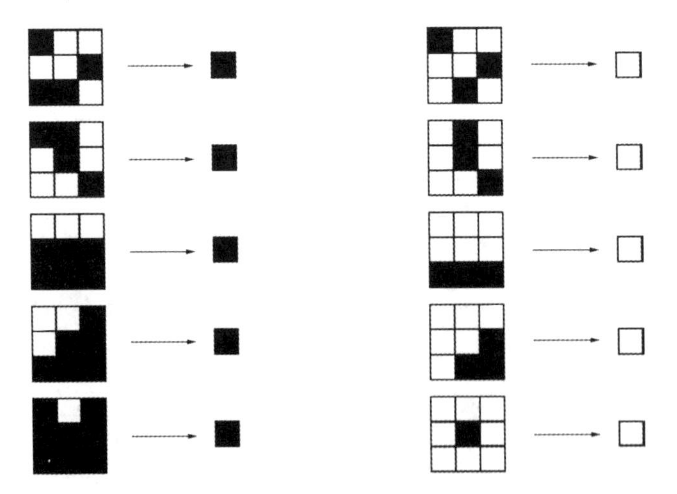

图2.4 一个基于局部互动的恐慌模型。黑色方块表示恐慌的人,白色方块表示冷静的人。如果包括周遭的人以及自己在内的九个人中,有至少四个人是恐慌的(左侧的情况),中心的人就会恐慌;如果少于四个人是恐慌的(右侧的情况),中心的人就会保持或恢复平静

矩阵中心的本人)是恐慌的,那么矩阵中心的人接下来也会变得恐慌;如果不足四人恐慌,接下来他就会保持平静,哪怕他之前是恐慌的,他也会恢复平静。

现在设想有人在一个拥挤的空间中大喊"失火了"。鉴于他的叫喊方式,房间中的一部分人会开始恐慌。在房间中恐慌者相对多的地方,这种情绪就会蔓延;在恐慌者相对少的区域,这种情绪会渐渐消失。那么这种恐慌情绪能够传播至整个房间吗?图2.5展示了一个礼堂中基于这种规则演化的前六帧的模拟。其中,每个小方块代表一个人,黑(白)色表示其恐慌(不恐慌)。

图2.6中的六幅图呈现系统每十帧的变化。最后一幅图呈现出的模式是稳定的,在后续图像中不再发生变化。

在模拟的最开始几次演化中,随机分布的黑点化为了一个个恐慌区域。孤立的恐慌者平息下来,而更高恐慌密度的区域中的每个人都变得恐慌。之后,经过多次的演化,恐慌区域会发展成稳定的模式。我们可以用不同的恐慌者初始分布重复这个试验,在有些情况下,恐慌区域会融合并最终席卷整个空间。

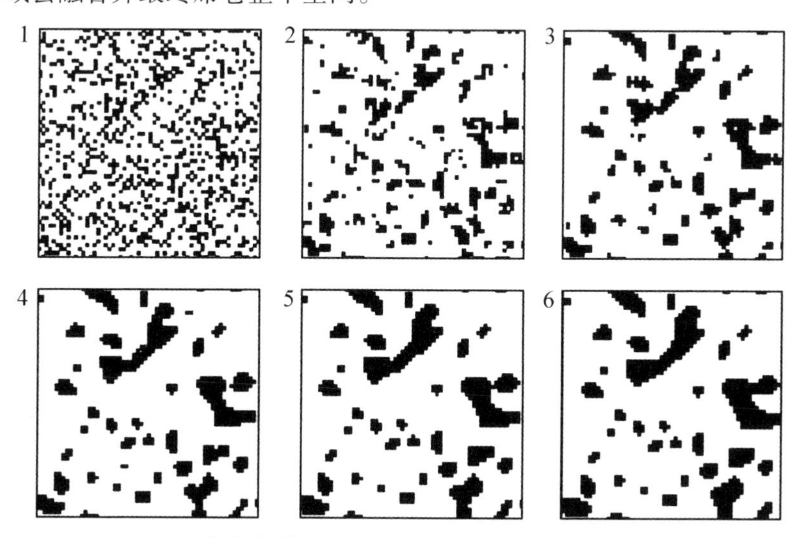

图2.5　拥挤礼堂内的恐慌模型:恐慌规则的前6次演化

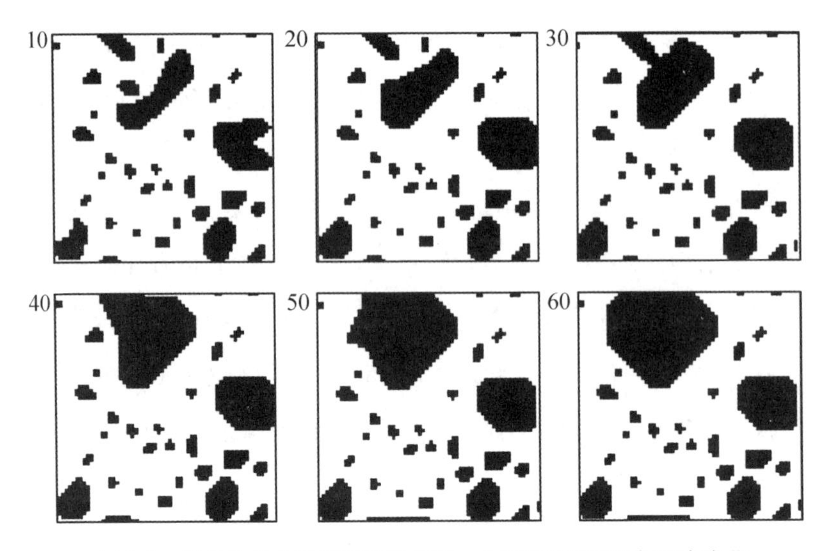

图2.6 拥挤礼堂内恐慌情绪的延续。每两幅图间经过10次演化

就这个规则和空间尺寸而言，仅当初始有超过1/4的人恐慌时，恐慌情绪才会最终蔓延到所有人。如果初始条件少于这个阈值，恐慌情绪就会被局限在彼此分隔的区域，如同图中所示。我们可以将之推广到关于时尚潮流、人群暴动和集体狂热的模型中，因为它阐明了一个要点——集体行为模式中存在**相变**(transitions)。有时行为会自我强化从而影响到很多人，有时不会。确切明白是什么导致了这种区别的确很困难，但这一定和人与人之间的互动、互动所处的条件以及触发条件(如果有的话)相关。

若真的想用这个模型来解释流行的机制就太简单化了，因为人的行为比这个模型中的复杂很多。比如说，我们继续关注之前例子中幼儿园的孩子们，他们如今已是高中生。在这个年龄段，他们想和自己的朋友们呈现相同的行为模式，但又不想和其他的同龄人混为一谈。甚至可以说，他们会以相反的行为模式去表现自己，以求鹤立鸡群。这种心态会产生充斥着零散小团体的社会结构。

图2.7　动物毛皮上的模式(花纹)

同样类型的互动也导致了常能在哺乳动物(包括捕食者和猎物)的毛皮上见到的花纹,如斑马、长颈鹿、老虎和豹(图2.7)。这些动物毛皮上醒目的色彩条纹或斑点的面积远远大于单个细胞——如果它们的面积和细胞一样,动物的表皮就只能呈现出一片灰色了。事实上这些模式(花纹)产生于个体生物细胞之间的互动,其机制和前述高中生的行为模式很相像。

我们来思考一下皮肤上的细胞是怎样影响其他细胞以形成花纹的。这些动物的细胞可以向细胞间的组织液释放化学物质,从而影响其他细胞的活动。这种交互就会导致皮肤上花纹的形成。释放的化学物质不光影响紧邻的细胞，而且影响更大范围内的全部细胞，这个范围取决于化学物质的移动（扩散）速度。交互存在两种形式：**激活**和**抑制**。当一个产生色素的细胞释放的化学物质导致其他细胞也产生色素时，我们就说这种互动是"激活"作用；当产生色素的细胞释放的化学物质阻止其他细胞产生色素时，我们就称之为"抑制"作用。激活互动会导致细胞呈现相同的行为，而抑制互动则导致相反的行为[2]。

图2.8　通过局部激活和远程抑制作用形成的条纹模式

当同时存在一个局部的（我们可以认为是慢速扩散的化学物质导致的）激活互动和一个远程的（快速扩散的化学物质导致的）抑制互动时，就会产生斑点或者条纹的模式。激活作用使得邻近的细胞呈现相同的行为，如同之前提到的围坐一圈的幼儿园小朋友或礼堂中的恐慌者；而抑制作用会限制这种群体的大小，最终达成稳定的模式。图2.8展示了该模型的动态演化。

事实上，不同的偏向性使得细胞倾向于呈现暗色或亮色，从而导致该互动产生了多种不同的模式。若改变这种偏向性，最后呈现的模式会从白底黑斑逐渐过渡到黑底白斑。当这种偏向性基本为零时，最后

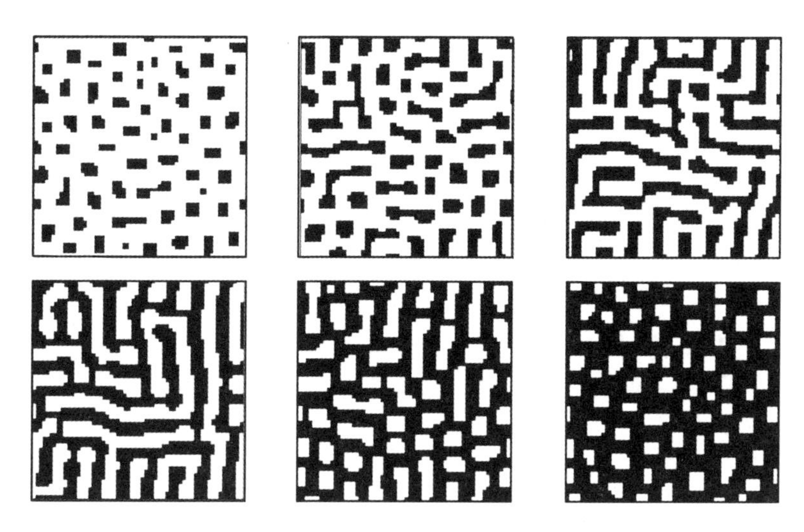

图2.9 从斑点到条纹:不同偏向性下局部激活-远程抑制模型的最终模式

形成的就是条纹模式。图2.9展示了几种不同偏向性下的最终模式。这些模型被称为“局部激活-远程抑制”模型,可以用来理解很多其他的自然(和人工)模式——磁铁、云、海浪、交通堵塞,甚至是心跳。

动物毛皮上在发育过程中形成的模式和同时期形成的器官、组织比起来简单得多。但是形成动物毛皮模式的简单过程抓住了生物模式形成中的一个关键点:差异化——系统每个部分的表现各不相同。差异化在这个例子中体现在不同的颜色上。在发育过程中,从单一种类的细胞演化到有序排列的不同类型的细胞,这一过程曾经看似神秘。但这些例子表明,纵使是很简单的互动规则,也能造成差异化并创造出引人注目的模式。

第三章

网络和集体记忆

网络中的模式[1]

大脑中的模式和社会中人们的互动模式在很多方面都是类似的。大脑中的主要细胞——神经元细胞之间的互动产生了大脑中的模式。这正如在社会中,行为模式源于人与人之间的互动。

我们用大脑中的模式来识别并理解自然界中的模式。射入人眼视网膜的光引起大脑中的神经元形成模式,而脑中形成的模式与现实世界的模式之间的关系帮助我们分辨外部世界。当脑中模式和身体的运动模式(比如手脚的运动)相关时,我们就会采取行动。

脑中形成的模式不同于我们在上一章探讨的简单模式。大脑中的基本单元——神经元——不仅仅和其周边的神经元相连,也和相距甚远的其他神经元相连(图3.1)。我们将这种更复杂的连接方式称为网络。

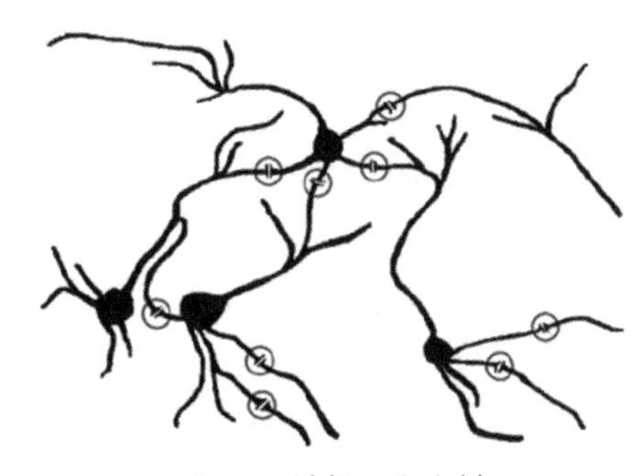

图3.1　神经元和突触

大脑中的神经元有各式各样的形态和行为。在本章中,我们将其行为简化为两种状态:激发态和静息态。神经元通过被称为“突触”的连接来影响彼此。突触分为兴奋性突触和抑制性突触,这和之前讨论的细胞的激活和抑制作用,以及使人们做和他人相同或相反行为的人际影响是类似的。

一个激发态的神经元会使与其通过兴奋性突触相连的神经元更有可能激发(就像细胞的激活作用)。反过来说,一个激发态的神经元会使得与其通过抑制性突触相连的神经元**更难以**激发(就像细胞的抑制作用)。这样来看,神经元网络的机制和我们在上一章讨论过的动物毛皮图案以及社会影响的模式很相似。主要区别有两个:一是神经元不仅仅与周边的神经元相连;二是兴奋性突触和抑制性突触的空间排列并不像局部激活-远程抑制模型中那样简单明了。尽管如此,我们仍能像讨论某一瞬间细胞的颜色模式那样来讨论某一瞬间神经元的激发模式(图3.2)。不妨将某一时刻的“思绪”设想成所有神经元的激发状态,即神经元的活动模式。记得城市夜晚忽明忽暗的灯光流变吗?如果我们能看清自己的大脑,神经元的活动模式就类似那幅图景。一如动物毛皮图案纹理随着时间推移而变化,随着神经元间的互相影响,它们的激发模式也在不停变幻。

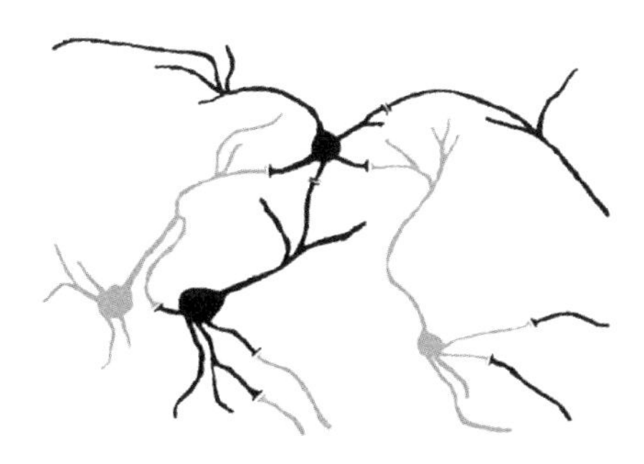

图3.2 特定时间内的神经元模式:黑色表示激发态,灰色表示静息态

神经元的激发模式同时也和我们周围的世界以及我们自身的行为有关。外部世界的信号被人体的感受器捕捉,继而影响感觉神经元,再影响神经元的激发模式。其中包括通常说的“五感”:视觉、听觉、触觉、嗅觉和味觉。运动神经元的活动作用于肌肉细胞,继而影响人的行动。这意味着,如果我们指定了神经元的活动模式,我们也就(很大程度上)指定了一个人的行为。

神经元间的突触有一部分是我们与生俱来的,但个人的经历和记忆也会改变它们——我们就是通过这样的方式学习的。最简单的一种适应性学习被称为**赫布印记**(Hebbian imprinting)。简单地说,当两个神经元同时处于激发态*,它们间的兴奋性突触就会得到强化,而抑制性突触得到弱化。同时处于静息态的两个神经元之间的突触亦是如此。然而,当两个神经元分处两种不同状态时,其间的抑制性突触会得到强化而兴奋性突触得到弱化。直观上来看,这样的结果就是透过习惯,突触的性质变得和该模式越来越一致。一旦突触被调整到可以强化该模式,就有可能仅仅透过一部分的神经活动来重构整个模式。这个神经活动所留下的印记就变成了记忆。

要理解这是如何形成记忆的,不妨设想一张图片被印记到神经元网络。然后,图片的部分或修改过的版本被输入至神经网络。这时,通过神经元间的作用,网络就会重构或还原之前所印记的模式,继而“记起”图片的剩余部分(图3.3)。图片的哪个部分展示给神经元网络并不重要,只要有足够的部分,就能恢复整体的记忆。

---

* 实际情况更复杂一些,赫布(Donald Hebb)强调细胞A需要对细胞B的激发起到作用才会引发这种印记,而这种因果关系也导致细胞A的激发应稍早于细胞B,即存在时序依赖性,而非“同时”。——译者

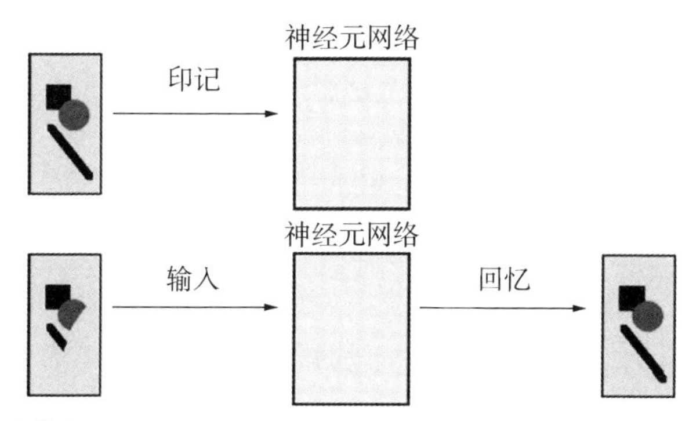

图3.3　通过赫布印记来回忆一个模式。一旦模式在网络中留下印记，它就能通过不完整的或修改过的部分来"回忆起"整个图片

这种基于神经网络的记忆被称为联想记忆或内容定址记忆(content addressable memory)。印记下的模式可透过自身的一部分来还原。对原始模式的还原将输入给神经网络的部分图像和由此重构的剩余部分"联系"起来了。大量和原模式大体相同但存在细微差别的模式都能够触发同样的记忆(图3.4)。

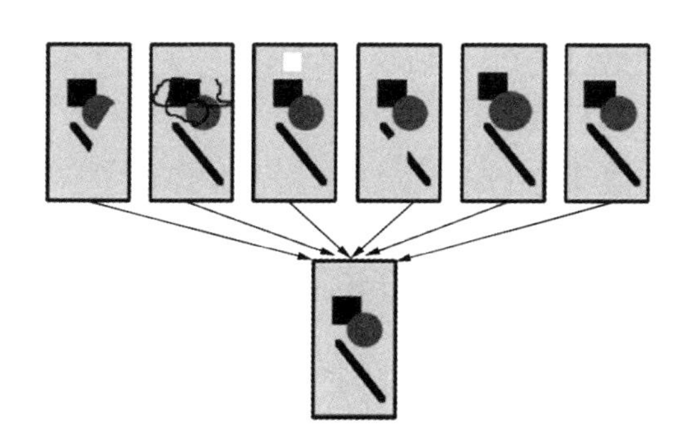

图3.4　一些相似但略微有别于原始图像的不同模式，都会触发相同的记忆

广告商也正是通过这种方式让你想起他们的商品的。通过强烈地、反复地向你脑海中灌输其产品的印记，他们使你在看到哪怕只是相似的东西时(甚至与他们的广告只有一点瓜葛)，也会想起他们的产品。

这种基于神经网络的记忆和计算机上的文件存储有很大不同。在计算机上，一条特定信息的储存地址是明确的。要检索信息，就要明确地知道所储存的地址，或在可能的地址中进行搜索。如果你要某人回忆莎士比亚（William Shakespeare）的《哈姆雷特》（*Hamlet*）第3幕第1场第64行台词*，他基本不可能记得。然而，你让他回忆"生存还是毁灭"的下文，他至少能够大致回忆起紧邻的几个词。与之相反，前一种索引方式对于计算机来说却容易得多，因为它按照地址来存储信息。网络记忆和人类记忆的运作方式是相似的，这一发现激发了人们运用网络来模拟人类思想的极大兴趣。

记忆的容量是其最重要的属性之一。那些会唤醒一个特定记忆的印记**的各种模式被称为"吸引域"***，会占据所有可能性模式空间中的一部分。网络存在一个所能存储的模式个数的上限，一旦超过，不同模式的吸引域就会互相干扰。一旦有了这种干扰，吸引域将遭到破坏并消失，而记忆也随之受损。网络容量的上限会随着网络中连接（比如突触）的增加而提升。

运用网络的概念及其和记忆、学习的关系，我们可以来观察人类思考的其他方面，并对思想是如何从大脑中产生的形成一个初步认识。

细分和创造力[2]

人类和计算机之间的根本差异之一在于人类具有创造力，这一说法已被广泛接受。然而，创造力为何物却多少是个谜。人类是如何去构想他们从未见过的事物的呢？

答案就藏在大脑最有意思的特征之一中：它被细分成不同区域的

---

* 这一"地址"指的就是《哈姆雷特》中的著名段落"生存还是毁灭，这是一个值得考虑的问题……"。——译者

** 即"吸引子"，如前文的原始完整图片的记忆。——译者

*** 例如原始图片的各种局部，或者修改过的版本。——译者

方式。每个区域都有特定的功能,比如分别与视觉、听觉和运动行为相关的部分。如果大脑是个完全连接的网络而没有分区,每个神经元都与其他所有神经元相连,那么整个大脑的连接数会高得多。然而细分区域后大脑的连接数远远低于前者。为何会这样?

人们往往认为连接数更多的网络功能更强。诚然,神经网络的储存空间取决于连接数。当我们减少网络中的连接数时,其所能存储的信息量也随之降低。既然如此,大脑为何会进化成现在这个样子,而非完全连接的形式?原因在于,当我们周围世界的诸多方面是部分独立的时候,用部分独立的大脑分区来储存其信息并与之互动就有效得多。这对于理解系统该如何组织非常重要,展示了系统的功能为何以及如何决定系统的结构。特别是它解释了子结构、细分以及在细分中通过功能分离实现专门化的重要作用。为了更详细了解这一概念,我们来设想大脑记忆的两个例子。

我们先考虑视觉皮层,就是与视觉相关的大脑主要部分。视觉皮层被分成三个并行的通道,粗略地说,它们分别专注于形状、颜色和运动的相关信息(图3.5)。

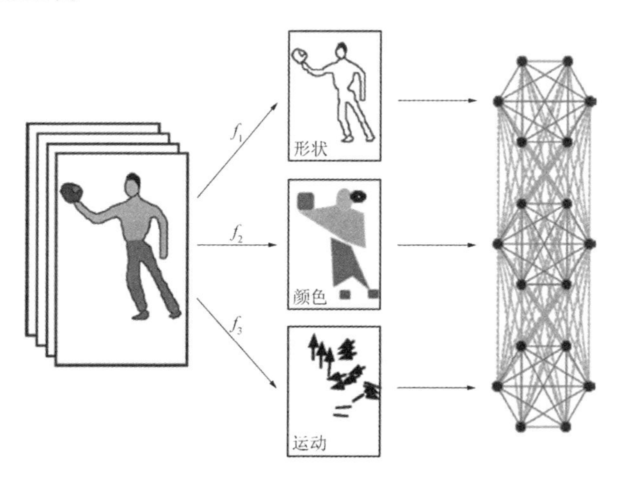

图3.5　视觉信息被分解为形状、颜色、运动。这些信息被储存在视觉皮层的三个单独的分区中

如此划分的原因在于我们周边事物的颜色、形状和运动的信息是相对独立的。不同的形状可以有相同的颜色,相同的形状也可以有不同的颜色。以相同方式运动的物体可以有各种不同的形状和颜色。

正因为这种独立性,用这三种属性来描述物体就是有意义的。其中每一种属性都有很多可能性:

颜色:红、绿、蓝、橙、紫、黑、白*……

形状:圆的、椭圆的、方的、扁平的、高的……

运动:静止、左移、右移、上升、下降、膨胀、收缩……

将关于颜色的信息导向第一个子网络,关于形状的去第二个,关于运动的去第三个,使我们能够用**合成**(composite)模式来辨识物体:红色圆形向左的、红色圆形下降的、蓝色方形向左的或者蓝色方形下降的。颜色子网络中的神经活动模式辨识颜色,形状子网络中的神经活动模式辨识形状,运动子网络中的神经活动模式辨识运动。

然而,颜色、形状和运动不是完全独立的,就像树干不能像树叶那样运动,也不同于树叶的颜色。连接大脑不同区域神经元的突触让我们明白,特定的形状往往以特定的方式移动,或具有特定的颜色。在细分的子网络中有一些这样的连接是有益的,只要不多到以至于阻碍了信息的组合就行。

细分也帮助大脑存储和处理语言。不妨设想在两种不同的网络中存储简单的句子。我们先考虑一个不分区并完全连接的网络,再考虑一个细分成三个部分的网络。

假设在一个完全连接的网络中能储存的短句数(在图3.6中为9)是

---

* 此处的"黑、白"是作为视觉意义上能够和其他颜色区分的一种属性,并不属于色彩意义上的"颜色"。下文的"扁平的、高的"亦是如此,并不属于几何意义上的"形状"。——译者

细分网络能存储的模式数(图中为3)的三倍。后者中只能存3个是因为我们将能存储9个的完整网络一分为三。每个子网络只能存原始网络中1/3的信息,也就是3个词。然而,进行了细分的网络现在能通过组合创造出27个短句来。这是因为储存在三个子网络中的词之间的每种可能组合都像一个记忆。完全连接的原始网络记住了存下的具体句子,而分区后的网络记住了由这些词创造的所有语法正确的句子。仅仅记住这3个句子就足以学习许多其他语法正确的可能组合。

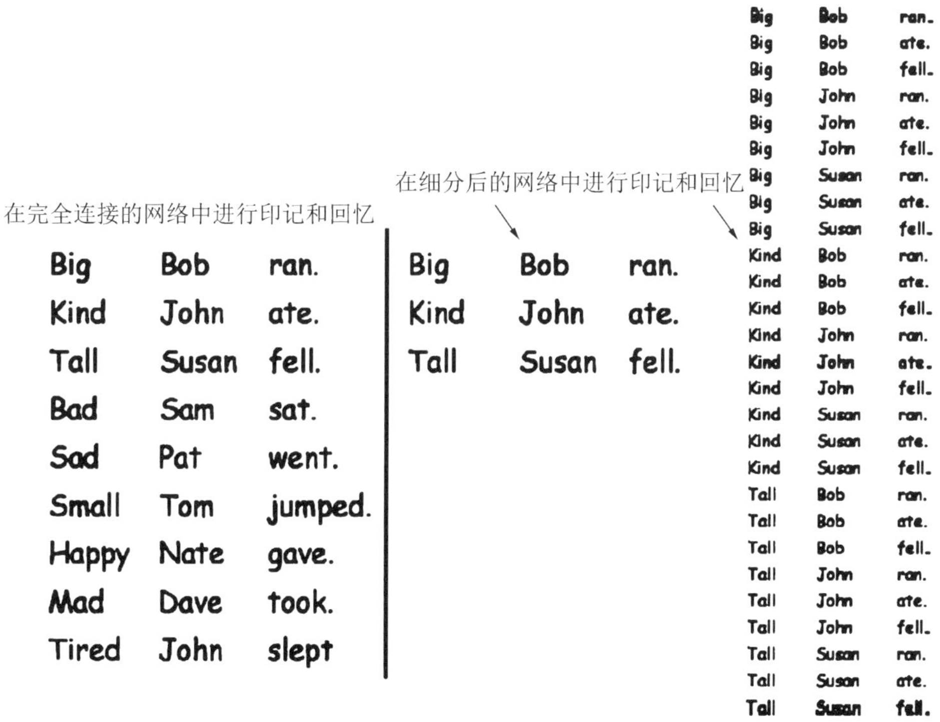

在完全连接的网络中进行印记和回忆

Big	Bob	ran.
Kind	John	ate.
Tall	Susan	fell.
Bad	Sam	sat.
Sad	Pat	went.
Small	Tom	jumped.
Happy	Nate	gave.
Mad	Dave	took.
Tired	John	slept

在细分后的网络中进行印记和回忆

Big	Bob	ran.
Kind	John	ate.
Tall	Susan	fell.

Big	Bob	ran.
Big	Bob	ate.
Big	Bob	fell.
Big	John	ran.
Big	John	ate.
Big	John	fell.
Big	Susan	ran.
Big	Susan	ate.
Big	Susan	fell.
Kind	Bob	ran.
Kind	Bob	ate.
Kind	Bob	fell.
Kind	John	ran.
Kind	John	ate.
Kind	John	fell.
Kind	Susan	ran.
Kind	Susan	ate.
Kind	Susan	fell.
Tall	Bob	ran.
Tall	Bob	ate.
Tall	Bob	fell.
Tall	John	ran.
Tall	John	ate.
Tall	John	fell.
Tall	Susan	ran.
Tall	Susan	ate.
Tall	Susan	fell.

图3.6 内容和语法:将句子存储在完全连接网络(左图)和细分网络(右图)之中。前者能保存更多的完整句子,但后者能通过组合回忆出比3个原始印记更多的句子

人类大脑中思维的实际过程介于刚才讨论的这两种极端情况之间。如果将可替换的单位(即单词)合理地组合,句子就是有意义的,或语法正确的。然而,特定的单词组合被用来描述既有的事件。我们的

大脑在不同分区之间也的确存在一些连接来储存一段话的不同部分。

值得注意的是，我们在分区后的网络中仅仅储存了3个完整的句子，最终却获得了一个能回忆起27个句子的网络，其中有些甚至从未见过。弄懂分区能为理解创造力如何运作带来新见解。设想一个人先看到了飞翔的鸟，再看到了行走的人。人的形状和鸟的形状被存储在大脑的一部分，而他们的运动被存储在另一部分。以此，这个人的大脑就可以想象出鸟和人的一个组合模式：飞人。这就是创造力的本质：用已有的概念组合出全新的可能性。我们在读写时，我们使用从其他句子中学到的单词来创造新的句子。我们把这种创造力视作理所当然，但一切创造力都是一个用新方法来组合老部件的过程。与创造力相同的概念也能运用到自然界的很多部分。比如有性生殖，就是通过既有基因的重新组合，来创造新的生物体。

这里一些关于复杂系统的组织的重要见解，我们在后文还会借鉴。多数人并不理解独立性与相互依存之间的权衡。当系统的部件独立时，它们就能自由地应对环境提出的不同要求；然而，当对系统一部分的要求与另一部分的要求之间有关联时，这些部件之间也需要相互连接才能自如地应对。

这里的讨论也有助于我们理解为何各个社会系统需要有效针对自己的任务以某些方式进行集结。不同群体间的独立性很重要，因为这保障了这些群体能够自由应对自己所面临的来自环境的不同要求。只有当环境对一个群体的要求和对另一个群体的要求关联时，这些群体才需要连接在一起。也就是说，只有当集体行为是必要时各群体才需要连接起来。

第四章

可能性

引言[1]

想象你会怎么描述一朵花、一把椅子、一个人。如果词语无法达意,不妨用图片或影片来描述它们[2]。词语、图片、影片都可以用来回答“她/他/它看上去是什么样的”这个问题。描述,是一切的基础,从科学到艺术。科学探索了我们看待世界时共享或应该共享的描述;艺术探索了我们每个人脑海中描述间的差异。思维永远是关于描述的,哪怕我们不自知,因为我们在思维中拥有的是某种描述,而非对象本身。

哪怕是一个简单的模式,比如动物毛皮的花纹,也很难用语言来精确描述。说“斑点”“条纹”固然有用,但它们的具体位置呢?具体形状呢?复杂系统是难以描述的,而我们对其的描述能力将直接决定我们能否理解它。不妨想象我们需要通过研究对一个系统的描述来学习这个系统。描述越长,我们所研究的时间也就越长。这很自然地将对象的复杂度定义为对其描述的长度。一个更复杂的对象具有更长的描述,反之亦然。

事物的复杂度由对其描述的长度来定义,这个概念似乎暗示复杂度是个很缥缈的度量。如果我要对别人描述一个事物,描述的长短很大程度上取决于他现有的知识,甚至我们所使用的语言。复杂度不是绝对的，而是基于描述行为双方的一个相对量，这一想法不应阻止我们去思考复杂度。描述永远是相对于观测者而言的，这是我们已经在基础物理学中认清的事实。

举例来说，物体运动的速度取决于观测者。当你开车以60英里*每小时的速度行驶，旁边车道和你同向而行的另一辆速度为60英里每小时的车对你来说就仿佛静止不动一样。但是，如果这辆车和你逆向而行，那它的速度对你而言就是120英里每小时。力学（基于牛顿定律对运动物体进行的研究）中一个主要思想就是，我们可以将一个运动中的观察者看到的与另一个观察者看到的联系起来，哪怕他们因为速度不同导致看到的不一样。

将不同观察者看到的联系起来的想法，在爱因斯坦的相对论中变成了原理。他不仅考虑以不同速度运动的观察者（狭义相对论的对象），还考虑不同加速度的观察者，例如加速上升（比如在电梯或火箭中）使人觉得重力"更强"。这种处于加速运动中的观察者和重力间的关系，是广义相对论的基本思想。

如果复杂度是一个相对量，我们就需要描述不同的观察者如何测量复杂度。每一个观察者都将对象系统的复杂度定义为他所需要的对该系统的描述长度。观察者不同，导致描述长度各异。诀窍在于搞懂这种长度是如何系统性变化的，以使其中差异成为我们的理解的一部分。这一节中我们重点考量观察者们使用不同语言会导致什么结果；下一节中，我们着眼于描述的细节层次所导致的区别。

50年前，贝尔实验室的数学家香农（Claude Shannon）探讨了通信中的难题，其意义和方法至今仍是我们对该领域认知的基础。他回答了不同语言需要多长的信息来表达同样的事情[3]。香农意识到，一种语言

---

* 1英里约为1.6千米。——译者

的信息相对于另一语言的长短,是可以通过计算特定长度下两种语言可能包含的信息数量来判别的。这里的核心在于去思考所有可能的信息(可能性空间),而非特定的一条信息。如果你想要把一句英文翻译成日文,翻译后的日文句子会有多长?首先,需要确定英文原文的长度内有多少种可能的英语句子,然后再看一个日文句子要有多长才能达到这么多的可能性,也就是这个日文长度下至少要有这么多可能的日文句子。这个长度就是翻译后日文的长度。这种回答问题的方式是舍近求远吗?对于一个具体的翻译问题的确是舍近求远了,但这个答案一举回答了所有信息间翻译的问题。香农对于可能性空间的探讨有助于理解诸多问题。在此,我们将之用于理解复杂度。

试想向一个朋友描述你面前的一个物体(图4.1)。为了描述它,你需要将它从所有可能出现在你面前的物体中挑(识别)出来。为了能将它从所有可能的物体中识别出,可能的描述的数量就需要等同于可能的物体的数量。这样每种可能的物体就能对应一个可能的描述。

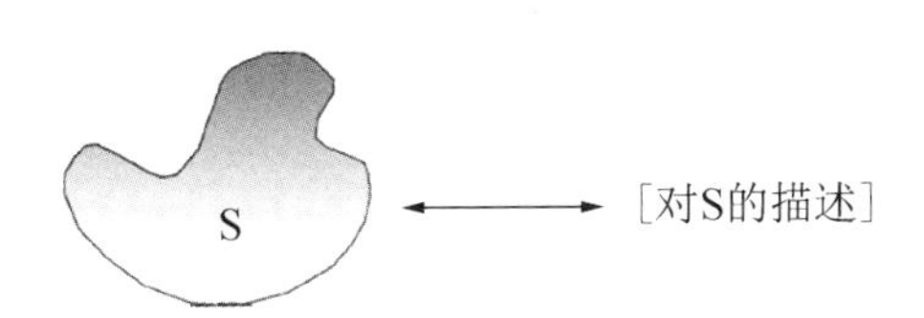

图4.1 物体S和对它的描述。描述的长度和物体的复杂度息息相关

假设共有M种可能的物体,那么需要多长的描述我们才能应对足够多的可能性?描述的长度与可能性的数量相关,描述越长,能描述的可能性就越多。现在我们常会联想到储存在计算机中的信息。计算机以“比特”的形式存储信息,比特就像电灯开关,可以是开或者关。1个比特有2种可能性,2个比特就有4种可能性,3个比特有8种可能性,4个比特有16种可能性。我们每增加1个比特,就把可能性的数量增加了一倍。翻倍而非增加,就意味着可能性的数量随着比特数的增加而

上升得非常迅速。比方说,100个比特可以表达大约1 000 000 000 000 000 000 000 000 000 000种可能性。

我们用英语来描述事物时会怎样呢?结果是,如果我们仅考量有意义的句子,那么每增加1个字符,可能构成的句子数量大致增加一倍。英语句子中的1个字符可以是26个字母中的任意一个,可以是大写或小写,也可以是标点符号。这么多选择,你可能觉得增加一个字符则可能性将不止增加一倍。然而,实际存在的单词、语法、语义都大大限制了可能性的数量。尽管如此,被限制后的可能性数量依然是天文数字。100个字符长度的英文句子基本有着100个比特的信息那样多如恒河沙数般的可能性。100个字符已如此复杂,想象一下一本书的字数能容纳的多少可能性吧,那实在是令人无法置信的数字。但奇妙的是,这种复杂度却能被人所理解。

于是,为了搞清一个对象的复杂度,那便想象它需要多长的描述。是一句话、一段话、几页纸、一本书,还是许多本书?数数描述中的字符总数,便是其复杂度了。

复杂度和尺度[4]

描述世界中的系统涉及决定描述到哪个程度的细节。描述的长度也取决于我们能看到多少细节。当我们远离一个物体,我们就无法看到太多细节,那么描述起来也会比在近距离观察时简短得多。就像用变焦镜头来拍人像,推近时我们能看到很多拉远时看不到的细节,而如

图4.2　不同尺度下的描述:同一个人的三种不同景别

果我们足够远，这个人看上去就像一个斑点(图4.2)。

复杂度对尺度的依赖非常重要，值得我们通过几个不同的情况来探讨。如图4.3所示，横轴表示我们距离描述对象有多远，更准确地说，表示描述的精细程度(尺度)；纵轴表示在这个精度下描述的复杂度(用来描述对象系统的信息长度)。

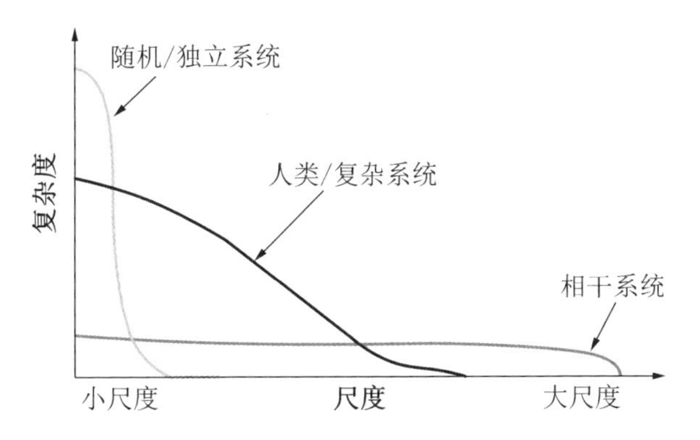

图4.3　复杂度相对于尺度的函数，针对三种不同系统：随机系统、相干系统、复杂系统。系统的组织方式影响了其在不同尺度下呈现的面貌

标有“人类/复杂系统”的那条曲线展示了当我们的描述对象是人时的情况。靠得越近，我们就能观察到越多的细节，于是描述也就相应变长。这里我们最好想象成描述他一段时间(比如一整天)的活动，而非一个静止的瞬间。同时，我们也要能够忽略这个人周边的不相干信息。

当我们远离这个人时，我们只能看到一个点在东奔西跑。我们或许能看到他上下班、外出就餐、看电影或坐着飞机去旅行，但也就仅此而已了。这种尺度下的描述对于一个研究人们如何从一个地方移动到另一个地方的社会学家来说或许是有意义的。

如果我们离近一点，除了上述动向，我们还能看到他手脚的移动，能看到他在房间中踱步或者在家中四处走动，或能看到他在工作场所走来走去。

更近一点,我们能观察到他嘴部的运动,听到他说什么,看到其面部的表情和手指的动作。这是我们通常当面和别人说话时会看到的细节层次。

出于思考复杂度的目的,我们可以考虑近得不太实际的距离,还可以想象用放大镜,甚至用显微镜去观察这个人,而不必拘泥于用普通相机。

通常,当我们说到放大镜或显微镜时,我们只用它来观察本身非常小的对象。但当我们研究人的复杂度时,哪怕我们是透过放大镜来拍摄这个人的影像,我们仍需要他整个人都在银幕上呈现,这就意味着我们需要超大的屏幕。透过放大镜,我们甚至能看清他的毛孔和头发丝。当我们以这种精细程度去描述一个人时,我们必须描述他的所有毛孔和头发丝。需要注意的是,这并不等同于单独地去描述对象的每一根头发和每一个毛孔,而是既要描述他整个人,又要精细到毛孔和头发丝这个级别。可想而知,这个描述会极长。

我们把这个过程想象成计算机断层扫描就更好了,这样我们就能看到对象体内各个部分及其活动。取决于我们采取的放大倍率(比如是透过放大镜还是显微镜),我们能看到体内所有的器官,或所有的细胞,或所有的分子甚至所有的原子。如果我们尝试在原子这个细节层次来描述一个人,那个描述就长得没边了。从物理学上讲,我们实际上算得出这个描述会有多长。如果我们把整个地球切成沙粒大小的小块,在每个小块上写一个英语字母,那么所有的小块加起来才勉强够写完这个描述。

这个描述显然长得离谱。但尽管它如此之长,却仍是"有限的"。这意味着哪怕我们逐个原子地来描述一个人,也能用有限的信息来完成。这源自量子物理,它告诉我们每个原子都具备一定的不确定性。因此,我们只需要以一定精度来描述它就可以了。

图4.3中标注“随机/独立系统”的曲线表现了另一种情况。如果我们把一个人所有的原子混成一团，使之不再以任何特定的方式组合，就是这条曲线的情况了。这时原子也不再向一个特定的方向运动，而是向任意方向运动。每个部分都在随机动作。如果将这些原子置于一个大桶中，那看上去就像浑水一桶。这就是物理学家们所说的“**平衡**”。从远处看它没什么可描述的，因为它哪儿也不会去。哪怕凑近看也依然乏善可陈。原因在于原子的随机分布导致每个部分看起来都是一样的，没有任何可区分的部分。这种情况一直持续到我们近到某个尺度，足以描述单个原子的运动。这种情况的特别之处在于每个原子都是独立运动的。于是此时我们若要描述所有原子的运动状态，实际上比对一个人的每个原子的描述更长*。在能分辨单个原子的尺度上，这团平衡态的液体反而比人本身要“更复杂”。当然，这仅限于我们在这个尺度来描述系统。在比这大的尺度下，人都要**更复杂**得多。因此“随机/独立系统”曲线在非常小的尺度下，复杂度高于“人类/复杂系统”曲线，但在其他尺度下都低于后者。

第三种情况（图4.3中的“相干系统”曲线）描述的是如果我们将等量的原子组织起来，使它们都朝同样的方向运动时发生的情况。你或许会惊讶地发现，如果你体内的所有原子都朝同一个方向运行，你将会以2000英里每小时的速度运动。我们的身体没有如此飞驰，是因为体内的原子不断地互相反弹，并且通过各种化学键“绑”在一起。当然，如果我们真的让它们往同样的方向运动，我们远远就能看得到这一大团原子的运动！这种情况叫作**相干运动**（coherent motion）。

以上三种情况——随机系统、相干系统以及我们通常所认为的复杂系统，体现了系统不同的组织方式如何决定其在不同尺度呈现的状

---

* 因为在人的状态下，原子并非完全独立。——译者

态。在大尺度下可见，意味着该系统是有组织的。若要在大尺度下使我们能观察到系统的行为，系统的各部分就要协同运作。例如，在观察肌肉运动中我们就能看到这个特点。肌肉中有大量的细胞在同时做着同样的事情。正因为如此，微观尺度下的细胞做出的动作化为宏观尺度下能被观察到的运动。人体内有各种被组织在一起运作的细胞组，这些组大小不一。随着这些组的大小变化，我们能在不同尺度下观察到它们的行为。也因为如此，当我们从远到近来观察一个人的时候，随着尺度的变化会不断发现新的行为。

随机系统、相干系统和复杂系统都存在于各种系统中，不管这些系统是物理的、生物的还是社会的。举例来说，杯中的液体是一个原子随机运动的物理系统，一颗飞行的炮弹则是原子相干运动的物理系统，而一片雪花中的原子是有组织的，于是在多个不同尺度都能观察到其结构。就生物系统而言，池塘中的细胞倾向于随机运动，细菌感染则涉及许多细胞的协同作用，而人体内的细胞是高度组织的，以致在许多不同尺度下都具备结构。在社会系统中，广场上的人群漫无目的地走动，军队则会步调一致地做相干运动，而一个企业会把员工组织起来，其在不同尺度下都具备可观察得到的结构。设想那个广场上随机移动的人群，这个人往东走，那个人往西走，如果我们在非常远的距离来观察，似乎什么都没有发生。但在同样的距离去观察一支行进的军队，在同样人数的条件下，我们能看到队伍的运动，因为其中个体的运动是叠加在一起的。对于一个企业，我们观察的距离越近，就能看到越多的细节。

以上的例子都展示了大尺度行为和小尺度复杂度之间的一种制衡。当系统的各部分独立运动时，小尺度行为复杂度更高。当它们合起来运动时，小尺度下的复杂度降低了，但运动的尺度变大了。这意味着复杂度始终是一种制衡，大尺度下的复杂就意味着小尺度下的简单。这种制衡是我们理解复杂系统的一个基本的认知工具。

在下一章我们将花更多精力来探讨社会系统，以及我们如何运用复杂度和尺度的概念来理解它们。在此之前，让我们再次考虑一个人的复杂度（图4.4）。这次我们来设想一个人如何描述另一个人。描述者将使用他自己的感官（而非显微镜），并在一两米的距离之外来观察，也就是我们通常和他人在社交场合下互动时的距离。这样的描述需要多少的信息呢？

我们可以借助一台普通摄像机拍摄一部影片所需要的储存空间来估算这一信息。这些摄像机的设计参数是参考了人类视觉、听觉的分辨能力的。现在我们可以很容易地通过电脑来查看一段影片会占据多大的空间。大体来说，一段5分钟的影片将占据1GB的空间，大概是10^9字节，由于1字节约为10比特，这就是约10^{10}比特，这也大概是一张CD的容量，或者一张DVD容量的10%—20%。也就是说，一张DVD大概只能存储25分钟这样的视频。事实上，利用视频压缩技术，一张DVD能存储2小时这样的视频。视频压缩技术将画面中不变化的部分进行剔除。如果我们将影片时间延长到一天，我们将需要大概10张DVD或者4×10^{11}比特。要拍摄观察对象一生的视频，我们要将这个数字再乘以80年的寿命（约30 000天）。也就是说，要描述一个人的一生，信息的长度大概要占30万张DVD。当然，人的一生中存在大量的重复活

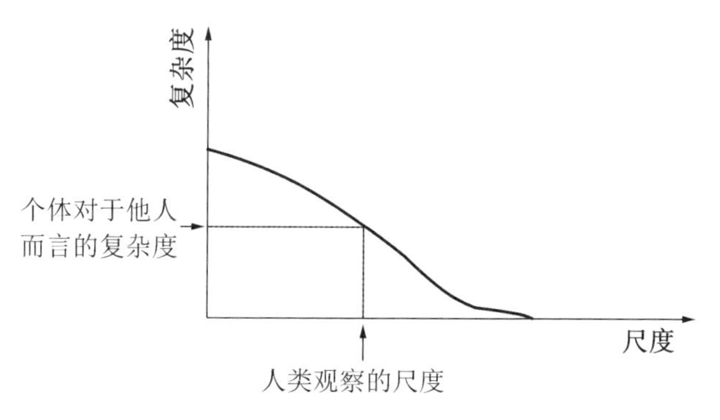

图4.4　在人类感官尺度上，一个人的复杂度

动,我们大可以压缩这个信息的长度。无论如何,这给了我们一个大致的概念,即一个人在另一个人眼中的复杂度是多少。

这个描述的具体长度是多少并非关键所在,而"人的复杂度是有限的"这一概念对于在社会系统中运用复杂度非常重要。

第五章

组织中的复杂度和尺度

社会系统的复杂性[1]

我们可以在很多不同类型的系统中探讨复杂度对尺度的依赖性。相较于探讨着眼于零部件的传统科学所研究的常规系统,探讨传统科学没有太多办法研究的系统显然更激动人心。不妨看看对于已知最复杂的系统,也就是人类组织和人类文明,我们有什么新认识。

为何要思考人类文明?除了一个显而易见的原因——我们都置身其中——之外,我们还有一个特殊的理由去考虑人类文明的复杂度:如今似乎人人都在抱怨生活变得太复杂了[2]。这种复杂性不是源于自然环境的激变。例如,树木并没有突然变得难以理解。变得复杂的是我们的经济和社会系统。那么对于社会的复杂性我们要如何理解呢?

要开始考虑这个问题,我们或许会注意到这个世界正变得越来越互相依存,比如我们所说的"全球经济"。这种互相依存意味着,世界一角所发生的事情可以并且经常会影响到世界另一角(甚至是很多地方)发生的事情。如果这种依存关系更进一步,那么在更大尺度上,世界整体的复杂度会继续提升。简单地说,如果我们尝试描述世界,就需要涵盖所有能影响大量人的事情。随着这种事情的数量越来越多,我们的描述也越来越长。

另一种思考社会复杂性的方法是考虑这种相互依存是怎么产生的。人们是如何影响彼此的？我们将人际的影响视为一种控制，虽然不一定是强制性的，但仍是控制。传统上，人们透过组织架构（例如公司、政府或其他社会机构）来影响或控制他人。在传统的组织中，控制透过层级结构这一特定方式来实现。近3000年来，层级结构都是人类组织的通用结构。于是弄懂层级结构如何运作，以及其对社会系统复杂性的意义就大有裨益。

为帮助我们理解层级结构，不妨从一个理想化的层级入手（图5.1）。在理想化的层级结构中，人们只能和上下级交换信息，而不能和同级对话。如果你想找隔壁办公室的人做什么事，你就要先告诉你的上司，然后他来告诉隔壁的人怎么做。如果隔壁的人不归你的上司管（比方他是属于另一个部门的人），你的上司就需要先找自己的上司，这个人再去找你隔壁的人的上司，这才能指挥他做什么。当然，这些领导不必等下级的申请，他们也可以主动吩咐一群自己的下级去行事。换一种方式来看，层级结构内往上层走的通信过滤掉了一些上级不用的信息，而往下层走的通信提供了一些下级需要的细节。

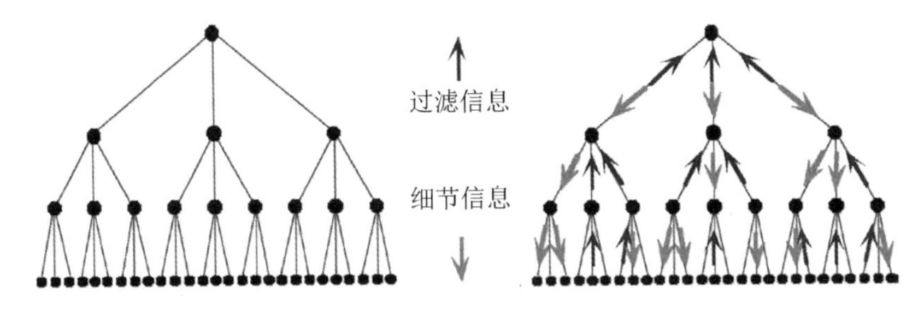

图5.1 一个理想化的层级结构。信息只能在上下级间传递

理想化的层级结构之间也有很大差异，尤其是在一个上级所监管的人数上（图5.2）。

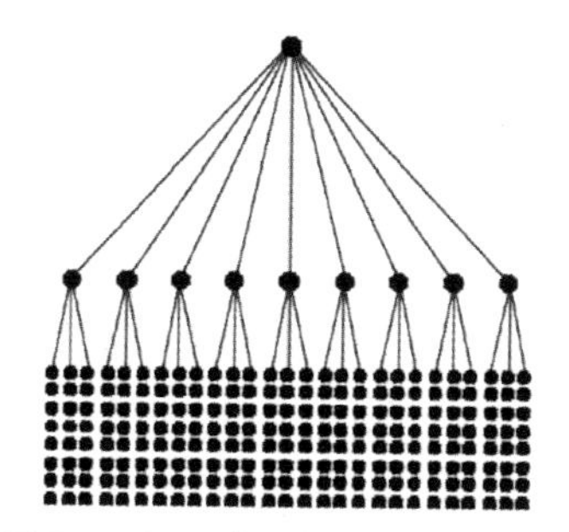

图5.2 另一个理想化的层级结构

我们需要一些组织以及其功能的实例来帮助我们理解层级结构。军队和工厂都是有用的例子，尤其是它们在历史早期（而不是现代）所采取的形式。

对于军队，不妨设想那些横扫四方的古代军团，比如亚历山大大帝方阵或者罗马军团（图5.3）。这些军事力量类似于我们稍前讨论的相干运动，其特征行为是远征。同样的行动在同一时间内被方阵中的所有人重复，而又在时间维度上被不断反复，每一个个体的行为都相当简单。在此我们就能看到复杂度和尺度间的制衡。方阵或军团就是为了能产生大规模影响而设立的，哪怕以今天的标准来看，它们能造成的影响规模也是可观的。然而，只有能有效应对周遭环境和挑战的军事力量才算行之有效。为此，有一个控制层级来决定部队的行进方向。在军事层级结构中，一个上级可以指挥大量个体。

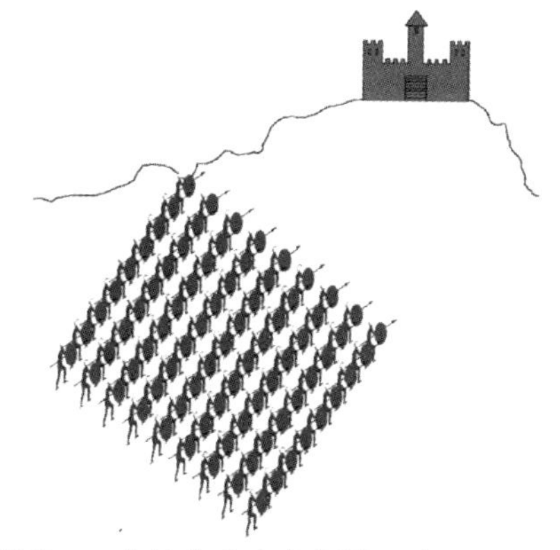

图5.3 一个旨在产生大规模影响的古代军队

下面我们来看看工厂的例子，比如一个福特T型汽车工厂（图5.4）。福特公司的概念始于简化每个工人需要负责的部分。每个人只负责一项很简单的任务，并重复很多次。不同的人负责不同的任务。所有这些任务协同起来生产单一的产品。产品本身可以非常复杂，例如一辆车，但是核心概念在于最终产品的产量是巨大的，以形成批量生产。这个系统行为具有的大规模，源自其对简单行为的重复。这里我们再次看到复杂度和尺度间的制衡。除此之外，我们还能看到控制层级所扮演的角色，它协调了不同个体间的任务。因为工人们的任务各有不同，这里控制层级给出的指令相比军团就要多得多。直觉上讲，这就意味着工厂中的一个上级直接指挥的下级数量比起军队中的要少很多。

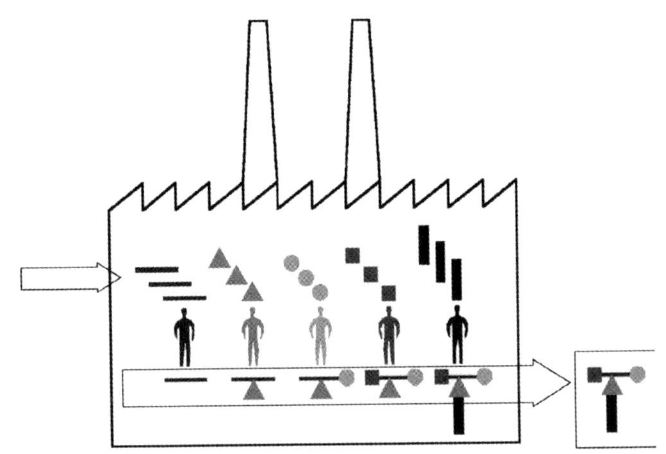

图5.4　福特T型汽车流水线的示意图。每个工人只负责重复地做一个简单的任务，一起来完成汽车的大规模生产

在见过了层级结构的实例后，我们来思考一下它的基本性质。我们看到层级结构使得个体（指挥官或总裁）能够去控制大规模行为。总裁需要了解机构中个体的一些行为，但并不需要知道他们所有的行为。具体来说，总裁不需要知道每个员工每时每刻所做事情的种种细节；然而，总裁**需要**了解或控制那些能对机构的大部分产生影响的事情。这些就是机构的大规模行为。

另一种思考方式是观察层级结构间的通信。任何涉及机构内被行政结构充分隔离开的两个个体间的交流(例如图5.5中隶属于不同圆圈的两个人)都需要经由总裁或指挥官。对于几乎所有的大规模行为都是这样。

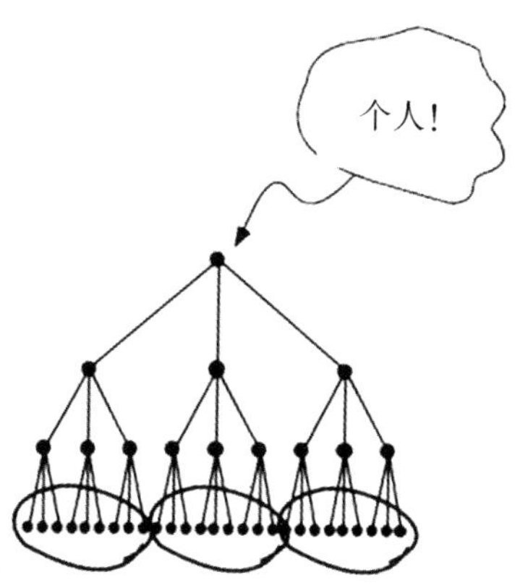

图5.5 一个理想化的层级结构。组织的集体行为受限于顶层个体的复杂度

这里就有一个重要的结论:既然所有大规模行为都得通过总裁来沟通,它们的复杂度就有一个上限——所有大规模行为在复杂度上都无法超越总裁。这个上限复杂度很高,和一个人一样复杂,但依然是有限的。至多10张DVD的信息就能记录总裁在一天之内干了什么,这确实是海量的信息,但并不是无限的信息。

我们比较一下层级结构和其他组织架构(图5.6)。其中一种就是网络,比如大脑中的神经网络。当我们说大脑是一个网络时,我们不会认为其中一个神经元就负责了大脑大尺度的行为。每个神经元可能都很简单,然而它们结成的这个网络却可以产生高度复杂的行为。我们不应该认为任何一个随机连接的网络都有这样复杂的行为。然而,构建一个比其局部更复杂的网络是可能的,但对层级结构并不是这样。我们知道,层级结构擅长于放大,将个体的小尺度行为拓展成大尺度行为。但是,它却不能产生一个复杂度超过其个体的系统。

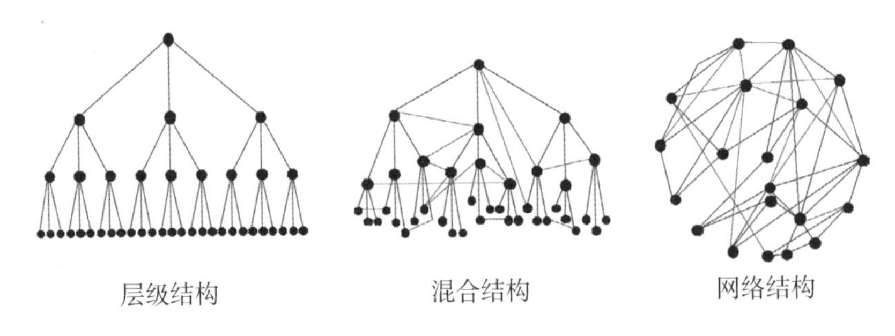

图5.6　三种不同的控制架构

现实中的组织并不是纯粹的层级结构，它们是层级结构和网络结构的一种混合。其中存在着大量横向连接，对应于人们互相交谈并作出决策。无论如何，在这个讨论中我们能够看到以下这个关键点：但凡是一个人来控制整个组织，该组织的复杂度就无法超越这个人的复杂度。这一点很重要吗？为了解答这个问题，我们需要知道为什么一个组织（或任何其他系统）需要复杂性。

复杂何益？[3]

复杂有什么好处？答案在于，系统自身变复杂是其在复杂环境中存续的不二法门。这当然又产生了新的问题：什么叫复杂环境？复杂环境就是需要作出正确选择才能成功应对的环境。如果一个环境中存在大量错误的可能性，而只有少量正确的，我们就需要从中选择出这些正确的来。总的来说，这种选择就需要高复杂度。

我们来考虑不同种类生物后代的生存能力。大多数动物有很多的后代。能存活到成年的后代个数会揭示一个动物所处环境的复杂度和其自身复杂度之间的关系。哺乳动物有几个到几十个后代，青蛙有上千个后代，鱼类有几百万个后代，而昆虫的后代数目甚至能到几十亿个。在上面每种情况中，平均每对双亲只有两个能存活到繁衍年龄的后代*，而其他后代都会因错误的选择**提前夭折，因为在环境中正确的选择只占很小的比例。从这个角度看，哺乳动物几乎和其环境一样复杂，而青蛙比其所处环境要简单得多，某些鱼类和昆虫则又简单得更多。

尽管达尔文(Charles Darwin)的进化论探讨了适应能力更强的后代个体有更大的存活概率，但事实是后代是否存续大体上是一个概率函数，而这个概率是基于每一个正确选择背后海量的错误选择的。复杂度更高的生物有更多的行为选项，反过来支撑它们作出更多正确的选择。

尽管复杂度对生存来说至关重要，但尺度也非常关键。总体来说，大尺度的挑战需要大尺度的回应。经验法则是，生物的复杂度需要在各个尺度上都与所处环境的复杂度相匹配，来增加其生存概率。

在经济系统的背景下存在相似的论点。如果一个企业的外部环境高度复杂，企业的成功就有赖于一系列的正确选择。这些选择或许包括：产品选择、定价、投资选择、资源配给、雇佣策略、合并和收购，等等。经济学和管理学专业的学生被教授如何做选择以增加自己最终走向成功的概率。但一个个体所能作出的最佳选择，依然受制于其自身的复杂度。

对于企业成功的一大挑战在于和其他企业的竞争。这意味着如果一个企业能作出更好的选择，它就更有可能成功并迫使对手倒闭。这里规模和复杂度都起作用，规模更大的企业和复杂度更高的企业都更有可能成功。这就导致一种“军备竞赛”，增加了自身规模和复杂度的企业往往会以其他企业的失败为代价取得成功。

---

* 这样种群总数才大致稳定。这一数字关系对于急速增加或缩小的种群并不成立。——译者

** 或者其双亲对其作出错误的选择。——译者

同样的法则也适用于军事力量和古代帝国的诞生。为何一个国家能取代另一个并变成一个帝国？大体就是因为它拥有更大的规模或更高复杂度的军队。我们可以利用前面探讨过的曲线来将这些例子中关于规模和复杂度的思考合并，把复杂度作为一个关于规模(尺度)的函数。

图5.7　四肢和运动:在尺度和复杂度间的权衡及其功效

考虑图5.7中的两张照片，它们之间的对比就说明了复杂度和尺度如何在两种不同的成功生物上结合的问题。狼的四肢是针对大尺度动作来“设计”的:将狼的整体向某个方向移动。与之相比，人体的结构摒弃了一部分快速运动的能力，四肢中只有两条腿被用来做整体移动，手臂和手的进化方向则是更精细的尺度或更高的复杂度，以更好地操控工具。如果环境的要求是在大尺度下移动或行动(例如在一望无垠的雪原上奔跑)，狼的身体构造就更适合这个环境；如果环境的要求是在小尺度下高度复杂地操控物体(例如挥棒精准地击打来球)，人的身体结构就会胜出。因此这幅图展示了两个重点:复杂度和尺度间存在一种取舍；生物体或组织机构的成功，同时依赖于复杂度和尺度。

第六章

进 化

选择和竞争

我们在第二章探讨的自组织模式可以用来解释动物毛皮上的斑点、条纹以及各种简单图案的形成。人类形态就是在胚胎发育过程中通过一层层这样简单的模式化过程形成的。然而，为了理解层级间怎能如此高效地组合形成复杂的生物系统，我们就不能只着眼于模式形成本身。我们也得思考是什么导致了模式间特定的组合方式的形成。进化论就提供了理论依据，来解释模式是如何通过一代代累积的变化来确定并组合形成复杂生物的。之前，我们说人类机构(政府、企业和其他社会组织)可以视作在以优胜劣汰的方式经历某种意义上的进化选择。为更好地理解这一点，我们需要先理解生物进化的一些基本原则。

生物进化是一种生物种群随时间推移而演化的过程。生物在个体意义上并未经历改变，改变存在于代际之间。不同个体有不同性状，有些个体能繁殖比其他个体更多能顺利成熟的后代。因为性状是可遗传的，这就导致经过许多代之后，那些能促进更快繁殖、更利于生存的性状渐渐在比例上压倒了那些不利于繁衍生存的性状。这个过程就被称作自然选择。

自达尔文首次提出通过选择实现进化以来[1]，生物学家们便将竞争视为推进演化的主要动力。从概念上来说,这种竞争体现在生物体间谁能更快地繁衍,并使后代能顺利发育成熟。在同时间内,生存环境所能承载的该物种数量上限也是一个关键因素。资源的有限性和不同生物体间的交互限制了每一代所能共存的个体数上限。能更好存活下去的个体就能更成功地繁衍后代,而这种个体间的比较优势被解读为一种竞争。因而在相当长的一段时间内,"生物个体间会产生合作"的想法被视为同进化论水火不容。

要使达尔文的进化论奏效,有几个条件必须得满足。子代与亲代间需要有某种可传递的相似性,即需要遗传;但为了让进一步的变化在代际间始终存在,子代又不能和亲代完全相同,即需要变异。通过对动植物的人工配种,达尔文对这两个要素有了充分的接触和理解,而遗传与变异是通过什么机制来完成的,则在他之后的时代才被人们所了解。现在我们知道了这是围绕着DNA分子的遗传性进行的。DNA序列所承载的信息完成了代际间的遗传,而序列的改变则为变异提供了可能。DNA序列以长链形式存在,我们通常将长链中最小的功能单位称为基因,基因就包含着合成特定蛋白质所需的信息。一旦这种蛋白质合成完毕,它就像一个分子机器(例如酶)一样运转,这种蛋白质也是细胞功能机制的基本要素。

然而,一个世纪以前的生物学家无法彻底满足于图6.1中表达的观点,因为很多的生物体(动植物都有)都进行有性繁殖。这就导致实际情况比图中描述的复杂得多,因为有性繁殖会产生和亲代大不相同的子代,它们接受来自双亲各自的基因,它们的性状也成为双亲性状的某种组合。将这一过程与达尔文进化论联系起来并非易事。为解决这个难题,费希尔(Ronald Fisher)、霍尔丹(John Haldane)和赖特(Sewall Wright)[2]奠定了新达尔文主义的基础,这套理论从20世纪早期开始就成了进化论的主导框架。

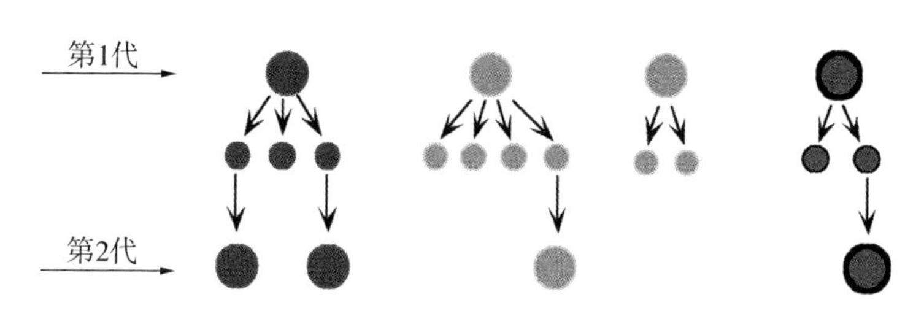

图6.1 代际间的自然选择

你或许熟悉英国生物学家道金斯(Richard Dawkins)的那本《自私的基因》(*The Selfish Gene*)[3]。此书大大推广了新达尔文主义的基本概念。根据这个观念,进化应被视作基因间的竞争——也就是如此了。生物个体或群体间任何形式的合作行为都仅仅是这些马基雅弗利主义*的基因们对不可告人目的的伪装。

新达尔文主义有助于理解有性繁殖,因为基因本身是不进行有性繁殖的,它们只是复制。如果我们将进化视为基因间的竞争,图6.1中的圆圈就代表生物体中的基因,这样有性繁殖就并不影响图中所表示的基本过程。

基因竞争的观点不只是基于一般观念,同时也源于费希尔提出的一个数学论证。道金斯将之简单地解释为"桨手类比"。

在这个类比中,我们设想不同组桨手在各自的船之间产生竞争。每个桨手都类似于一个基因,每条船都类似于一个生物体。道金斯以此例来解释为何我们考虑的是桨手之间的竞争,而非船之间的竞争。简单来说,这个观点就是尽管单次的竞赛是在船与船之间展开,但如果我们进行反复比赛**,最终就成了桨手间的较量。道金斯用了几个例

* "君主为达到目的,可不择手段"的政治哲学。——译者

** 此处的"反复比赛",指的是每场比赛后桨手重新进行随机组合,再度展开比赛,而非每条船上每次都是原班人马反复比赛。——译者

子来说明这种竞争的特征,我们在此聚焦其中一个:说英语的桨手和说德语的桨手间的竞争。

道金斯将桨手的集合称为“桨手池”,每条船从桨手池中得到相同数量的桨手。船与船进行选拔赛,胜者组会被放回池中继续比赛。为了更符合生物进化的图景,我们设想桨手池的总量保持不变,因为桨手会“复制”。每次比赛后胜利者们被复制直至桨手池的总量恢复。这一步填充了因失败而没有回到桨手池的人数,这样我们的桨手池和每场选拔赛始终都有数量相同的桨手。我们进一步设想存在两种桨手:说英语的和说德语的。我们假设桨手说同样语言的船表现会比混杂语言的船更好,因为他们之间的沟通更顺畅,于是桨手语言会影响到船的战绩。

这样一直比赛下去桨手池会发生怎样的变化?如果一开始就有更多说英语的桨手,那么一条船上的桨手都说英语的概率就会更高。而且,德语桨手更可能是和英语桨手同船,而非在一条桨手只说德语的船上。这也就意味着英语桨手相较德语桨手会更多地赢得比赛。通过复制和反复,随着时间推移英语桨手的数量越来越多,而德语桨手渐渐减少。最终,桨手池中将只剩下英语桨手。反过来看,如果一开始就是德语桨手更多,经过比赛和复制,他们会越来越多,最终形成单一的德语桨手池。不管哪种情况,我们都可以将之视作桨手间的竞争,随着比赛的推进,一种桨手会淘汰另外一种。

道金斯的论点似乎很合理,但其中有一个很重要而隐藏的假设需要好好探讨。我们将分析这个例子来考虑新达尔文主义的观点——也就是基因的竞争足以解释进化过程——是否正确,更准确地说是在哪些情况下正确,哪些情况下不对[4]。这并不是说新达尔文主义不是一个用来思考进化的有效且强大的途径。然而,明白它并非始终正确,意味着自私的基因并不是进化的全部。这一结论之所以非常重要,正是因为基因竞争(以及“竞争才最重要”的想法)已被用来激发各种关于生物学和社会学的观念，而这些观念和进化论科学本身并没有什么关系[5]。

确实，并非人人都认同关于桨手池的讨论[6]。索伯(Elliott Sober)和勒沃汀(Richard Lewontin)[7]认为道金斯的解释是不完整的进化观。他们指出，必须考虑桨手池的总体构成以确定哪种桨手是好桨手。如果胜者取决于桨手池的构成，说竞争发生在桨手间就不准确了。然而，这个论点本身似乎还不充分。毕竟，一个生物体做得怎样总和它周围生物体的表现是相对而言的。

重要的是，我们指出的问题更加基本[4]。道金斯没有讨论他依赖的一个假设，而这个假设产生了惊人的深远影响。这个假设隐藏在桨手们是如何从桨手池中被取出，又是如何被放回的。他假设这个过程是随机的。如果我们不这么做呢？举例来说，设想如果我们把桨手池中的桨手排列成一个队伍。每次让队首的桨手们进行比赛，而把胜者置于队尾。在这种情况下桨手池变化的过程就和每次随机取出和放入桨手的结果大为不同。

在这种情况下，我们将看到桨手池(现在成了桨手队)的特定区间内，桨手们变得更倾向于同一种语言(英语或德语)。然而，队伍一部分的主导语言和另一部分的主导语言可能并不相同。这种情形和幼儿园的孩子们选择买宝可梦卡牌还是豆豆娃公仔很类似*，甚至可以说几乎一样。队伍里会出现说英语的区块和说德语的区块。桨手队中不同语言区块的边界或许会随着时间推移而移动。但无论如何，这种区块的存在使得进化过程的很多方面与假设均匀混合桨手池的情形大为不同。

由此得来的进化过程的一个不同之处在于，如果我们以一个两种桨手混合的桨手队开始竞赛，说英语的和德语的桨手都将持续在队伍

---

* 见本书第二章。——译者

中存在相当长一段时间。哪怕最后其中一种消失了,消失前所经历的代际数也比每次均匀混合情况下经历的代际数要多得多。有趣的是,这也许就是世界上既存在说英语的人,又存在说德语的人的原因。如果世界上所有人都是混合在一起的,那么大家只说一种通用语是有道理的。但如果说英语的人和说德语的人居住在地球的不同区域,那么存在区块化的语言结构(一些地区的人说英语而一些地区的人说德语)就是合理的。在当今世界,随着人们的流动性增加,相较于过去人口不流动时就更有使用单一语言的趋势。

变化桨手池的运作方式还有一个主要效果,这个效果直接影响了自私基因以及其缺乏合作的概念。我们会观察到如果存在利他主义个体的区块和自私个体的区块,自私个体的表现会较差[8]。这是因为利他的个体往往在其他利他个体周围,而自私的个体往往在其他自私个体周围。最终结果是利他个体往往表现得更好,因为隔离使得自私个体无法有效"榨取"利他个体。利他个体因靠近其他利他个体而获益,自私个体因靠近其他自私个体而受损。当然,这些区块之间存在自私个体靠近利他个体的边界,而最终诀窍是搞清楚在不同类型的边界上会发生什么。因为种种原因,边界非常重要。实际上,边界中的一种——细胞膜——被很多人视为生物体的根本属性。尽管其中的细节不在本书的讨论范畴之内,研究边界的效果对我们脱离新达尔文主义来思考进化过程而言依然非常重要[9]。

与线性的桨手队相对应的生物学类比是邻近的生物体间的交配,这就和随机桨手池所对应的同类生物不分距离远近交配大为不同。如果动植物都在其出生地附近交配繁衍,就足以显著地改变道金斯和其他新达尔文主义者的结论。对很多人而言这个改变出其不意,但它对于理解为何基因间的竞争不足以解释进化论而言是极其重要的。借此我们可以看到以基因为中心的进化观的种种问题,其对竞争的片面强调只是其中之一。

将进化视为竞争的观念也经常被应用于人类社会。声名狼藉的社会达尔文主义拥趸就宣称，一如在野外的生存斗争，社会中的人们也应该彼此斗争来寻求成功，且我们丝毫不该对竞争中的失败者有恻隐之心。这种“有用则用”*的论点存在各式各样的变种，常被用来给受压迫阶级糟糕的生存和工作环境开脱。哪怕不是这么极端，很多人仍认为竞争和合作（这里的“合作”也包括对他人的帮助）是不可调和的两极。在进化中，生物体间的竞争似乎导致它们的合作变得不可能。企业间为订单竞争，工人间为岗位竞争；很多人都会告诉你竞争是自由市场体系的基础；政治看上去就是权力的竞争，而总被提及的“弱肉强食”言论也体现了很多人眼中的自然和社会。然而，合作是显然存在的，它是怎么融入这种世界观的呢？

不同于传统观念，这一章以及下一章的核心信息是：竞争和合作总是共存的。人们认为它们是对立的、不可调和的力量，而我认为这种想法源自对进化的过时而片面的理解。近年来的研究展现了进化更微妙的方面：合作与竞争必须共同作用。进化仍然可以提供一个看待成功与失败的框架，而这个框架并不基于特定的价值观或者关于好与坏的观念。这对于描述自然和社会而言是非常重要的。“有用则用”的基本见解没错，只是真正有用的是竞争和合作的结合。在有组织的体育活动中，我们就能清晰地看到这种结合如何起作用。

---

* 原文为“what works, works”。——译者

第七章

竞争与合作

体育竞赛中的选择[1]

在竞争性的个人运动中显然存在某种形式的选择。在地区性的100米短跑比赛中，最快的少数几个人才能获奖，然后他们往往得以与其他地区的优胜者继续比赛。以一种具有或多或少组织性的方式，这种选择机制能一直持续到从世界各个不同区域的佼佼者中决出世界冠军。当然，从全球选出唯一的胜者和生物间的自然选择不尽相同，后者往往在每一代中都有着很多的"胜者"来繁衍下一代。

遗传过程在生物中和在体育中进行的方式也不同。除了为数不多的特例外（比如某些运动员的子女也是运动员），体育运动的能力并不能被直接遗传。然而，在体育中却存在另外一种形式的遗传，这种遗传通过知识的传递来告诉后人如何训练、如何从心理上和生理上备赛、如何在比赛中高效地竞争。于是生物学上从亲代到子代的遗传被教练和学员间的"传帮带"所取代。如同生物学上生存斗争的胜者赢得更多的生育权，体育中的选择体现在运动员去学习、模仿最成功的运动员。

体育与生物存在着一个重要的相似之处，能帮助我们理解进化：如同生物，体育运动也存在很多种类。每种运动，当运动员在其最高水平竞争时，都需要很多不同的能力和技巧。这意味着，在不同运动中挑选最强的运动员的标准也是不同的。生物也是如此,面临着各式各样的生存环境和资源(比如,不同的筑巢条件和不同类的食物)。我们将一种环境及其对应的资源称为一个**生态位**(niche)。生物种类繁多的一个主要原因就在于存在各种不同的生态位。当存在大量部分分离又有一定联系的生态位时,竞争以及进化就和前面所讨论的生物体间简单的选择过程大为不同了。

当人们把进化论的想法运用到社会问题上时往往很难意识到,社会中多种不同胜利方式的存在有力地改变了竞争的意义。随着我们的社会日趋复杂,不同的职业种类也爆炸式地增加。想想现在有多少职业——例如软件工程师、激光手术师、管理顾问、网站开发人员、职业女篮运动员——在90年前压根不存在。成功的路径越来越多,这不仅是因为新技术,也源于新的文化和社会趋势。海量的职业种类驱使打算跳槽的人和正在成长的年轻人去仔细考量他们在一生中想做什么。很多人尝试多种工作,在其职业生涯中不断跳槽。在复杂的社会中,个体所面临的难题不光是如何在行业中成功,也包括如何决定该从事哪个行业。

团队竞技中的竞争与合作

团队竞技中,选择的结构和之前所见大不一样,这时我们就能看到合作的作用。总的来说,当我们思考团体竞技中合作与竞争之间的冲突时,我们倾向于考虑同一支队伍中运动员之间的关系。我们高度关注他们的合作欲望,并将具有团队精神的人和自私的"独狼"区分开,哪怕后者具有超强的个人技巧也将遭到诟病。

我们希望运动员能相互合作是因为这样他们的团队才能更好地去竞争。个体层面的合作带来了团队层面更强的竞争力,反过来团队之间的竞争又促使团队内运动员更好地合作。当竞争与合作体现在组织的不同层面时,两者之间形成了建设性的关系,如同图7.1中的环状结构那样。

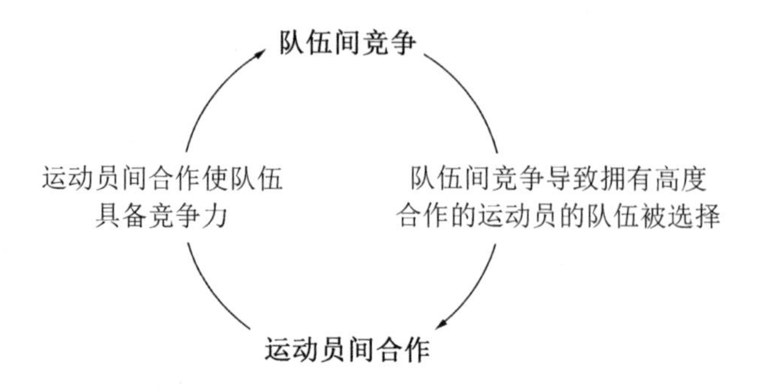

图7.1　在组织的不同层面上进行的竞争与合作

层面间的互动形成了一种进化过程，其中队伍层面的竞争带动了个体层面的合作。如同生物进化，有组织的团队竞技中也存在一种选择机制来挑选胜者。渐渐地，团队的行为模式会发生改变，处于下风的队伍会去模仿成功者的策略。各支队伍也通过交易运动员或更换教练来进行改变。因为最具竞争力的团队通常是队内运动员配合默契的那些，长此以往队内的合作能力就成了选择的标准。团队间的竞争促进队内的合作，队内的合作使团队更有竞争力，而这种互动的关键在于竞争和合作在不同层面展开。

人们通常所说的竞争与合作间的矛盾，存在于两者发生在组织的**相同**层面时，如同图7.2中相对的箭头。举例来说，回想一下做了8年队友的布莱恩特(Kobe Bryant)和奥尼尔(Shaquille O'Neal)之间的竞争。在那段时间里，尤其是2000年赛季的开端，洛杉矶湖人队的这两位巨星为了各自的关注度互相竞争。在此期间，这种竞争显而易见地影响到了他们作为队友的合作，队伍也表现不佳屡屡受挫。然而当这两人精诚合作时，湖人队几乎不可阻挡。从另一个角度说，有时候球员能没有冲突地进行竞争与合作：当他们的行为从某种意义上彼此独立的时候。举例来说，运动员可以针对不同的位置(例如篮球队中的前锋和得分后卫)进行独立的竞争，而不至于影响到球队整体的合作。因为对位置的竞争发生在另外的时间或发生在另外的队员身上*，这并不影响比赛时场上队员之间的合作。只要球员没有竭力去竞争队内"老大"，这一套就行得通。

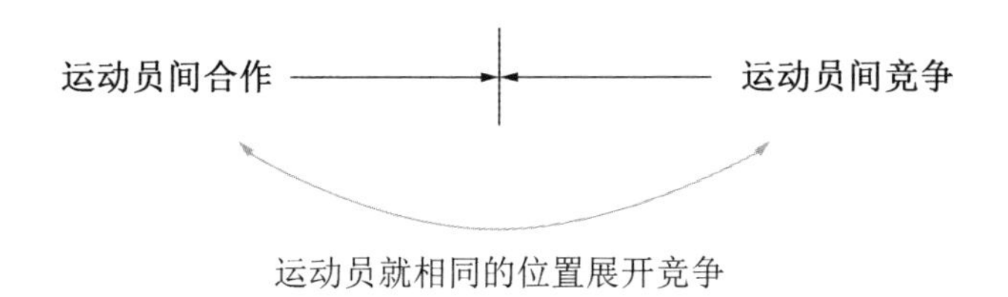

图7.2 在组织的相同层面进行的竞争与合作

我们现在将问题上升到队伍间的互动这个层面来。队间竞争和队内合作互相促进，然而，球队并不仅仅和它们的直接对手球队竞争。职业运动是一种产业。举例来说，各支篮球队通过组成被称为美国男子篮球职业联赛(NBA)的联盟来运作。联盟需要安排赛事，制定规则，通过惩罚措施来确保规则的实施，选择并指派裁判，并监管球员交易。这种队伍间的合作使NBA成为一种有组织的赛事。NBA同时也和其他体育联盟及其他娱乐方式就媒体资源和市场关注度展开竞争。篮球队间各种形式的合作最大化了每支球队的利益。哪怕在非职业化的运动中，球队间也必须合作来商榷比赛时间和规则(图7.3)。

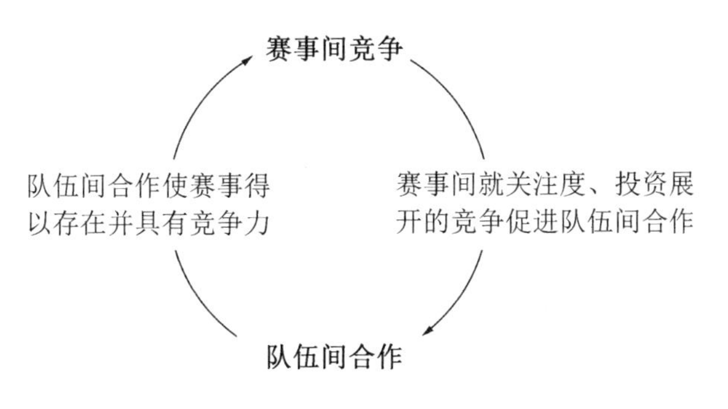

图7.3 队伍间、赛事间的竞争与合作

* 如根据训练时的表现来确定位置或场下队员竞争主力位置。——译者

然而,队伍间的合作有时会损害到它们的竞争。比方说,通常比赛次数越多,队伍的利润就越大,于是在季后赛中,球队在取胜几场后就常有放水的倾向。如果两支队伍靠着事前决定的交叉胜场来延长季后赛,这将有悖于赛事的竞争本质和基本的体育道德。尽管如此,有人相信在一些运动中,例如职业摔跤,这种行为是家常便饭。不管这种行为是否在任何运动中真正存在,这种情况下合作与竞争之间存在的矛盾都是显而易见的(图7.4)。

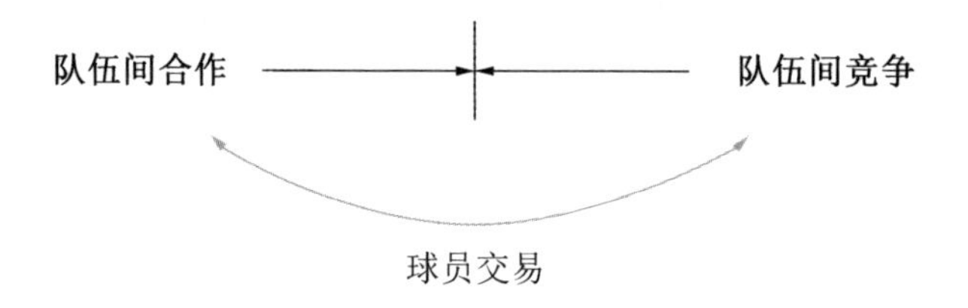

图7.4 队伍间的合作与竞争

有趣的是,在球员交易中,队伍间同时进行着合作和竞争。队伍间通过谈判来寻求各方都同意的球员转会方案,其中隐含的矛盾一目了然:看上去总有一方利益受损而另一方获益。即便如此,转会依然在发生。这说明竞争和合作在同一时刻、同一层面也能共存,尽管这种关系很微妙。

这里的要点是:只有在多层面的框架下才能理解竞争与合作之间的互动。当发生在组织的不同层面时,竞争与合作往往是相辅相成的。但在同一层面时,两者往往会发生矛盾。在图7.5中,我们能看到每个层面上的合作都加强了更高层面的竞争。

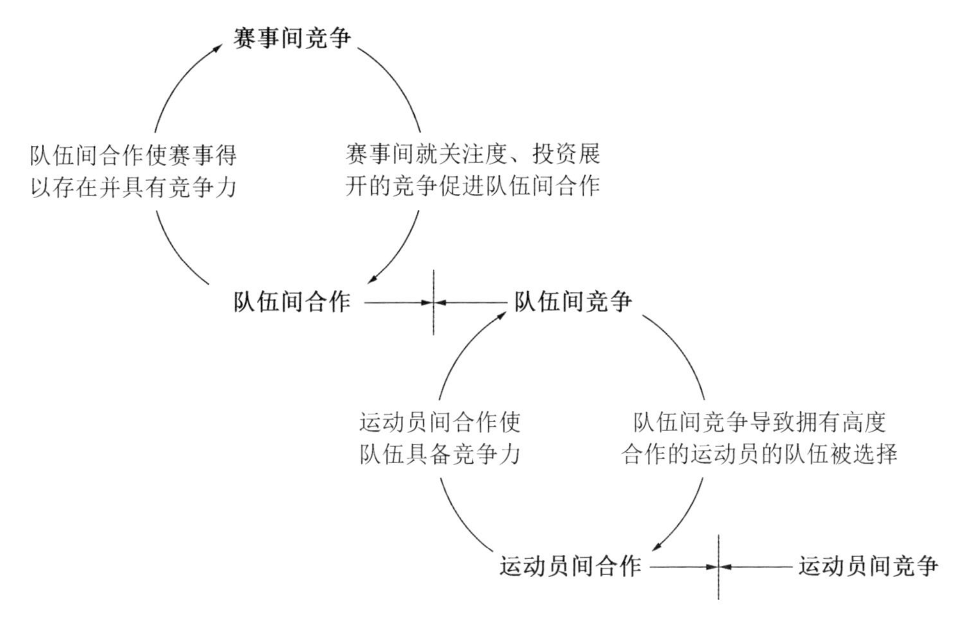

图7.5　体育运动中多层面的竞争与合作

令人惊讶的是，关于进化的科学讨论，却并未涉及这种竞争与合作在多层面的互动。许多年来，基于团队的竞争成了一个禁忌话题，因为大家都聚焦在组织最底层（也就是基因）进行的选择[2]。为何竞争与合作的互动迟迟没有成为理解进化的核心？这可能和将系统的诸多层面都呈现出来的难度有关。将一个独立的个体视作自然选择的对象较之厘清组织中各个层面上合作与竞争的复杂机制要容易得多。如果你把目光延伸到生物分子的层面就更是困难重重。同样的，在研究社会系统的竞争与进化时，人们的目光也很难超越个体行为层面，向上延展到家庭、邻里、社区、社会、国家等层面。

大体上，群组——分子、细胞器、细胞、多细胞生物、蜂巢、兽群或其他社会性群组——的形成是理解进化的一个关键。传统的进化观将每一个层级上的群组形成视为一种重大的过渡[3]。这里用“过渡”一词似乎暗示这个结群过程是在更常见的进化过程**之外**的。然而，竞争和合作在进化不同层面的精妙互动,意味着结群是进化的基本过程中非常自然且关键的一环。基于环境压力,个体有结合在一起的趋势,因为这使得它们成为一个更有竞争力的整体。

在对生物体和生态系统的研究中,多层面的进化观被证明是极具洞察力的。但就本书的目的而言,更重要的是这种多层面的思考方法(以及它在体育运动中的例子)能教导我们如何在各种环境下提高团队的效能。只要组织中团队间竞争的选择方向是更擅长合作,任何组织中的团队都自然会进步。竞争中的胜者成为败者的学习对象,后者通过学习前者的策略以及队员的选择和交换来复制前者的成功。

对于企业、社会或其他任何由大量个体组成的系统,这意味着如果系统结构包含奖励成功团队的竞争,整个系统的效能就会提高。这里指的不是你死我活的团队(或个人)竞争,而是有规则的、有共同目标的、融入了合作因素的竞争。对于篮球队而言,这个共同目标可以是最大化曝光率或者是联盟和每支球队的利润,然后它们通过NBA的形式合作,来确保这个共同目标始终在眼前。比赛规则——尤其是那些用来杜绝造成严重伤害的犯规的规则——确保了竞争的质量始终得到保障。自然界中也存在这种非破坏性竞争,比如野鹿或羚羊在争夺领导权和交配权时,会非常小心地避免给对方造成严重伤害。这些竞争有实打实的结果,但仍遵循避免互相伤害的规则。由此我们可以学到奖励对于有效竞争该有的意义:有继续在一起的权利就是主要的奖励。毕竟,这才是集体的生存之本。

第二篇

解　困

第八章

解决现实中的难题

1996年,为了促进跨学科研究者们在复杂系统领域进行更好的合作,新英格兰复杂系统研究所(NECSI)成立了。作为工作的一部分,我们组织了国际复杂系统会议(International Conference on Complex Systems,ICCS)。与此同时,我撰写的教材《复杂系统动力学》(*Dynamics of Complex Systems*)出版。基于这一系列的工作,我们在接受各种组织机构针对"复杂问题"的咨询时出现了一个未曾料想的新机遇。他们对于如何将复杂系统的观念应用到各自所在的领域,以及复杂系统的普遍性应用(例如机构效率、机构存续、竞争优势等问题),产生了浓厚的兴趣。

为满足这些需求,我和各行各业的受众探讨模式、复杂性与进化的概念,这项工作有时是和NECSI的同事合作,有时是我自己完成。其中对象包括情报界成员、世界银行、军事决策者、政府系统工程师(MITRE)、企业高管(通常来自医疗保健领域)。通过这些探讨我很确信,复杂系统的一些基本概念可以帮助人们解决广泛的问题。当教授这些概念时,我也热衷于了解听众面对的实际问题,以求亲身体会复杂系统概念能为解决这些难题提供什么帮助。在各种案例中,我都发现复杂系统原理的直接应用能起到立竿见影的效果并提供重要的相关思路。有时,这些思路对业内人士来说是全新的,并受到他们的热切欢迎;其他时候,它们已被业内人士所了解,但新的角度让问题更加清晰。在各种情况下,复杂系统研究所提供的视角都对这些领域的专家有很大帮助,尽管在这些领域他们懂的比我多得多。

我们用这一篇的章节来展示如何使用复杂系统的理念去解决重大的社会问题。这些案例分析也表明了这些复杂系统的理念有着广阔的适用范围。这些理念能帮助解决一些往往没有被直接探讨的问题。我并非鼓励大家停下手上的活,马上去尝试解决我们面对的这些难题。相反,有必要先对其中的关键思想进行广泛的宣传教育,这将有助于理解人们是如何共同解决问题的。

若读者对后面探讨的某一个领域很熟悉,我们也建议阅读关于其他领域的章节,因为它们往往是互相交织的。尽管这与专业化分工的宗旨相悖,但我们发现,了解这些思想如何运用在多个领域有助于更好地使用它们。更重要的是,后面的章节是以层进的方式来撰写,通过各种应用逐渐建立一整套思想,而非每个独立的章节都包含所有思想的运用。

有必要认识到,人类文明是极其擅长解决问题的。只要存在解困之法,它总会在各种地方被各种人发现并使用。毋庸置疑,这里提到的一些建议早已在实践中被采纳,且往往不止在一个领域。从这个角度来说,本书旨在推介一些已被采用的方法,以求它们获得更广泛的运用。但这并不是说实践中的所有理念或它们的组合都是正确的、有建设性的,况且人们还常常由于使用学生时代习得的那些理念而陷入困境。因近年来世界的剧变,实践中的很多理念已不再适用。我希望通过科学概念和实践观察之间的直接联系,我们能甄别出哪些方法是有用的。这既有助于我们解决这些重大问题,又有益于我们认识到这些科学概念和方法对广泛问题的价值。

不妨先简单复习或预习一下这些章节中涉及的核心概念。

当我们思考人们作为一个群体所采取的行动时,我们必须考量他们如何互动以形成各种集体行为的模式,而不仅仅考量个体的行为。这种模式源于个体间互动的结构,而人和人之间的连接和不连接都能产生益处。连接,则导致相似或相协调的行为,这对于需要协同完成的任务至关重要;不连接,则适合去完成彼此独立或相对独立的各种子任务。识别集体行为模式产生的这些益处往往很困难,因此人们常常低估拥有合理的协调与独立的价值。

组织成功的最基本问题在于系统复杂度与所处环境复杂度的匹配。当我们试着完成一项任务,去完成任务的系统的复杂度要与任务的复杂度相匹配。为了有效地进行匹配,我们必须认识到每个个体的复杂度都是有限的。因此,当任务的复杂度大到超越了尝试去处理它的个体的复杂度时,任务就会变得难以完成。于是,解决问题的要点就在于将任务的复杂度拆分给很多人。这和传统意义上的任务分配有相似,又有不同。当我们需要完成的任务超过一个人能力所限,比如举起重物,我们会让很多人一起去用力,一起来分配所需的努力。

分配复杂度与分配努力的类似之处就在于,为使任务顺利达成,我们不能让任何个体担负太多,因为任何一个人的失败都会传导到系统各处,导致一连串的失败。我们可以尝试用更能负重的人,但只要我们平衡重量的方式存在缺陷,整个系统就始终会有漏洞。此外,如果整体的重量超过了常人负重能力的100倍,而却没有将之仔细分配给至少100个人,那哪怕是其中最强壮的人也难以担负他的份额。

然而,分配复杂度与分配努力的不同在于,没有一个个体能搞清如何协调多个个体的共同努力。人们没有意识到执行任务的相关复杂性,因而这个问题特别严重。当执行任务出问题时——比如说现有系统出错了——人们自然而然的想法是归罪某个人,或者某个流程,然后指派其他人负责解决这个麻烦。这样的事在各种情况下反复上演,而现代社会的很多焦点问题都能很快追溯到人们无法认识复杂性，以及它如何时时刻刻地影响我们。

有些人寻求中心化控制和个体责任制来解决复杂问题，另一些则尝试用基于计算机的自动化来应对。然而，计算机目前还不能完成一些小孩子也能搞定的复杂任务。比如说，目前有大量业内人士在试图用计算机来辨识口语中的词汇，而这是小孩子也能轻易完成的事情*。从计算机诞生之日开始，甚至更早，人们就梦想用它来取代人脑。与此同时，现实中的任务变得越来越复杂，其复杂度已超越人类个体。但计算机，哪怕已经接近了识别人类语言的水平，仍不是这个任务好的候选者。这并不是说计算机不重要，但除非我们能有效识别计算机擅长处理的问题，否则尝试用计算机去解决我们的问题无异于缘木求鱼。

那协调人们执行复杂任务的解决方案是什么？分析信息流以及任务在系统内的分配方式会有所帮助。但最终，最有效的方式是创造一个可以产生"进化"的环境。那些通过进化式变化来学习的组织创造了可以提供持续创新的环境。通过竞争与合作而进化、创建行为模式的组合体，正是合成能够应对当今世界复杂挑战的有效系统的方式。

这些笼统的概念将在这一篇的案例中得到应用与表达，包括复杂军事挑战、医疗保健、教育、系统工程和促进发展中国家发展。在每一个例子中，任务的复杂性都要求我们将之合理分配给不同的个体，以保证任务的完成。我希望您也能从这些案例分析中受益。即便案例不属于您所从事的领域，其中发展出的观念应该对您也有作用。

我们从相关理念在军事冲突中的应用开始。它很适合作为第一个案例，因为它清晰地阐明了复杂度和尺度的概念。在军事上，复杂系统

---

* 本书写于2004年。实际上，近年来计算机语言识别功能已经取得了长足的进步。——译者

的理念呈现于在实践中应对各种任务相应的不同组织结构中(例如坦克师、步兵、海军、特种部队),这是极重要的应用。本书余下的很大一部分,都用来解释将这个理念用在其他背景下的价值,包括医疗保健和教育。此外,这些知识还被广泛应用于海湾战争和阿富汗战争中。然而,军方仍未将这些理念系统化,这也就导致了之后伊拉克战争中所出现的困境。在伊拉克战争中,我们为冲突双方创造了一个尺度与复杂度不匹配的典型情景。这种不匹配是各种复杂问题的核心。

第二个和第三个话题分别是医疗保健和教育,也都存在复杂度和尺度的纠缠,以及对中心化控制的错误应用。在医疗保健领域,大规模行为以大量资金流的形式呈现,复杂度在个体医生向个体病人提供的医疗服务中出现。在教育领域,标准化考试是大规模行为的一种形式,而复杂度显然蕴含在为每一个孩子在复杂世界中各不相同的角色做好准备的过程中。在每一个例子中,不匹配导致的问题必须通过根本性地改变系统的结构才能解决,以保证系统的有效运转。在对应的章节里,我们将分别从系统整体和系统局部功能的角度——比如正在进行一个医疗保健项目的一组人,以及独立教室中的老师和学生们——来分别探讨尺度和复杂度的具体问题。

在第四个话题中,我们会探讨促进发展中国家发展的努力,其中也存在着尺度和复杂度不匹配的问题。不管是实际存在的运作不佳的社会,还是我们希望建立的健全社会,它们的多尺度结构都与大规模的经济援助不匹配。与此同时,探讨关于发展的话题也使我们能够研究环境等外部因素对系统塑造的影响。最后,我们将讨论那些可能和世界银行当前发展策略相抵触的复杂系统规划问题。

第五个话题是复杂工程系统,我们将关注中心化规划的失败。在各个领域,中心化规划的低效率几乎都是一个问题。然而,工程师们将规划方法论发展成了一门艺术。因为工程师对于构建何种系统有更多的控制权，他们似乎在面对这个问题时更成功一些。然而，仍存在大量系统工程失败的案例来说明规划为何有问题，以及如何出问题。在关于系统工程的这一章，我们将探讨如何将中心化规划替换成另一种通用策略：创造一个可进化的环境。这种方法适用于在各种背景下创建有效系统，包括军事、医疗保健、教育、国际发展。

我们还将探讨恐怖主义的问题，研究对抗一个高度复杂的恐怖分子网络的挑战所在。我们认为这个挑战与大规模的全球运动紧密相关，这一运动涉及影响数十亿人的社会变革。意识到局部冲突背后更大规模的问题，是解决恐怖主义等高度复杂问题的关键。

这些章节合起来，描述了我们怎样通过在多尺度上了解系统和进化来应对复杂的问题。在之后的总结章节，我们会回顾这些概念、案例和建议，并介绍一些将这些理念成功实施的案例，尤其是对可进化的环境的应用。

第九章

军事战争与冲突[1]

简介

为何越南战争和之前的战争如此不同？为何美军在拥有压倒性的兵力和装备优势的情况下仍未获胜？关于美国在越南战争中的失败有很多论断：缺乏取胜的决心、模糊不清的作战目标、当地的经济条件、国际政治因素等，不一而足。抛去一些具体因素，越南战争以及包括苏联入侵阿富汗在内的其他战争都告诉美军一个重要教训：传统的大规模战争和“复杂战争”之间，存在着天壤之别。

有些冲突可以通过传统的蛮力和正面袭击来解决。在这种战争中，一个作战部队的战力可以用“人力”或“火力”来衡量。战区地图上以各种颜色的箭头来标识它们，因为整个部队的行动是统一的，方向是一致的。当我们分析在简单地形上易于区分和衡量的部队间的正面冲突时，结果几乎是一目了然的：装备近似时兵力更多的一方或兵力近似时装备更好的一方往往胜出。1991年的海湾战争就是个例证。伊拉克于1990年8月入侵科威特；美军有一个清晰明确的作战目标：将伊军逐出科威特。以美国为首的多国部队在当地花四个月积攒兵力后(联军集结了一支超过50万人的部队)便开始了进攻。不到两个月(其中地面攻势仅4天)，战争便结束了，伊拉克被彻底击败。

但越南战争是完全不同的一种战争，这不仅是指它的持续时间长得多。美军长年累月挣扎于复杂的地形、多变的天气、难辨的敌友之中，并且完全无法对各个独立行动的敌对目标定位并实施有效打击，终于无功而返。战斗双方都不了解彼此军力的地域分布，有时在某些区域双方甚至混杂在一起。如果要用战区图来展示作战过程，那么每一个作战单位都只有很少的人，甚至只是个体，在互相交叠的区域中，伴随着局部交火朝任何可能的方向移动。美军在越南战争中得到的教训对于其在阿富汗战争中的高效表现至关重要。在又一次面对蜿蜒崎岖的山地地形、星罗棋布的敌对势力时，美军做好了准备。

这种战争的复杂性，在当前"反恐战争"中更是表现到极致。美国所面对的恐怖分子遍布世界各地，他们精心隐蔽起来，和平民难以区分。不像传统军队中所有士兵直接听命于一个指挥官，这种敌人的职能单位很小，彼此独立，且只是松散地彼此协调。为了能赢得这种挑战，军事和情报部门必须重新组织，以使他们能识别并锁定这些若隐若现的目标。

这些例子体现了传统战争和复杂战争的区别：前者更重视规模，后者则相反，更注重细节。近年间，军方认识到战争的本质是两个复杂系统的复杂互动，其中每个系统都由大量彼此联系的部分组成，而系统的行为很难从组成部分的行为推断获知[2]。战争的复杂性尤其体现在目标对象的隐蔽性上，这不光包括由地形特性（如群山或洞穴）导致的隐蔽，也包括由难以确认敌军、友军、第三方导致的隐蔽。这种复杂性还体现在敌方的化整为零，这样会导致对方行动的可能性空间骤增，而相对地，寻找到正确应对方法的概率骤降，且对应优劣之间的区别难以察觉。复杂战争的特点就是大量小规模且隐蔽的目标。传统大规模战争的理论在这里只会碰壁。

战略家们现在都已熟知传统大规模冲突和复杂军事冲突之间的区

别。成功的军事行动能将军事力量与冲突特性有效匹配，例如在阿富汗战争中特种部队就起到了关键作用。然而，我们有时仍很难明白应如何设计、规划和执行军事行动以高效应对复杂冲突。复杂性和尺度的概念则将原本流于直觉的理解具象化了，不仅能为复杂军事冲突中选择合适的战力提供指导，并且能用来衡量友军和敌军的战力，预估特定任务或整体军事行动的成功概率。

战争中的复杂性和尺度

为何复杂性对战争至关重要？因为如同其他很多事物，战争也依赖于顺利完成既定任务以及成功应对突发情况。当一个任务有大量潜在的错误应对时，它就成了一个复杂任务。导致不利结果的应对方式占的比重越大，这个任务就越复杂。如前所述，高度复杂的任务就需要足够复杂的系统去完成。于是在战事中，与其他复杂问题类似，一个系统所能选择和执行的动作数量，至少要与任务复杂性所需的行动数量相等。

当有效的军事力量需要更悉心部署，或各单位的目标需要更细致选择时，军事冲突的复杂度也随之上升。在错误抉择导致的后果更严重时也是如此。隐秘的敌人（尤其是混淆在友军和无关者中的那些）带来了高复杂度的挑战；同理，在城市中开展军事行动，尤其是作战目标要求尽量降低对建筑、基础设施的损害时，战斗的复杂度也会上升。比如，维和部队就要面对高复杂度的任务。在充斥着诸多冲突的不稳定地区，一着不慎或一次机会错失就可能导致悲剧的发生。

对战斗部队进行有效部署时，规模同样是关键因素。规模在这里指单一系统内高度协同运动的单位数量。设想一个1000人组成的军团，对单一的大型目标（正在接近的一支敌军）统一而连贯地开火。此时，这个军团在施以其可能的最大火力，执行其可能的最大规模的行动。我们也可以想象一支沿一条路线运送大量装备的补给部队。补给部队中的每一员都要在同样轨迹上同时移动,因此它们的统一行动在几千米外就能被观测到。

然而,不难设想在有些情形下,同样的千人军团需要将火力分散到分隔开的独立目标之上。有些任务需要全体一致的行动,而另一些需要不同单位分别完成一些独立的子行动。每一个任务都有其所需的任务规模——这个规模可以由需要协调多少人的行动以完成来衡量。换一种思路,根据前面补给部队的例子,这个规模也可以由在多远的距离可以观测到这个集结起来的统一行动来衡量。

绝大多数系统,包括军事系统,都需要能够在不同规模上执行多项任务。因此一个成功的组织,需要在完成任务所需的每一个规模上,能够展现出足够的复杂度。我们前面探讨过的复杂度曲线在这里就要用上了,复杂度随规模改变产生的变化在不同的组织架构中都有不同。复杂度曲线描述了特定系统或机构的复杂度对规模的依赖性。那么在一个给定的规模上,一个机构有多少种可能做出的行动?

我们先来考虑一个层级结构的军事单位——比如一个营,它可以细分成连、班、伍*,直至个体。当军力像这样按照层级组织,小规模上可能的行为数量随着小规模单位(比如伍)数量的增加而提高;大规模上可能的行为数量随着大规模单位(比如营)数量的增加而提高。所以,复杂度曲线大致与每个规模上(如个体、伍、班、连或营)单位的数量相对应。

然而,军队在一个具体规模上的复杂度不光依赖于其在这个规模上的单位数量,也取决于伍内的个体、班内的伍、连内的班、营内的连分别具备多少独立行动的能力。组织架构在某一个规模上的单位越独

---

* 原文为fire teams,美国军队编制的一种,一般以2—5人为一个伍。——译者

立，这个规模上的复杂度就越高；但随之而来的，在较之更大规模上的复杂度就会降低，这是因为更难以实现协调行动。不同规模上的复杂度连接起来，就是整个军队的复杂度曲线。

为大规模有效行动而组织和训练的单位并不适于小规模行动，反之亦然。军事规划者们能体会到这种不同设计初衷的部队间的取舍，但常是以一种零散的或事后的方式。复杂度曲线则将这种理念正规化，得以事先衡量部队的结构设计是否能有效应对具体的复杂军事任务或冲突。在组成部件不变的情况下（如部队的士兵总数恒定），不同的组织方式会导致复杂度曲线不同，但曲线下的面积是不变的。这就意味着在给定资源的前提下——包括军队、武器、技术——我们可以比较不同组织架构的能力以及局限。

除了目标的性质和部队的架构，环境本身也会给冲突在不同规模上增加复杂度，针对环境进行复杂度曲线分析也有益处。最简单的战场是海洋，它广阔、开放而平坦*。于是在开放海域发生的战争的主要形式就是简单的大规模直接冲突。这也是为什么目前最大的军用装备是海上装备：航空母舰和其他各种大型军舰。这些庞然大物是被设计来进行大规模行动的，它们不擅长应对小型敌人（如敌军小艇）带来的威胁，特别是隐蔽的敌人（如水雷和潜艇）。这也是为何大型军舰常常和若干小型舰艇共同编队出击，因为后者更擅长侦测并清除小规模的威胁。

反过来看，水陆交界的地段（滨海地区）在多个尺度下都是复杂的。要描述这个地区的特征需要大量的信息，因为这里可以有海岸线、悬崖、水洼、沼泽、泥潭、灌木丛、沙滩、卵石、沙丘、礁或岩石，而它们特定

---

* 可以将海洋近似看作只有两个维度。——译者

的形状和排列也都是需要考虑的重要因素。在这种交界环境下有效地执行任务需要具备在水上和陆上都良好运转的能力。居住于此环境中的平民人口也为之增加了复杂度。城市、港口、交通网、车辆和船只都为敌我双方提供了行动和隐藏的大量可能性。

在港口或者多礁的海岸线上都存在大量的障碍物,它们会妨碍大型物体的移动,比如针对开放水域设计的大型船只。然而小型物体,例如小船、行人、游泳者或者潜水者,可以在这些地形灵巧移动并保持隐蔽。2000年10月12日针对停靠在港口的美国"科尔"号导弹驱逐舰的攻击之所以能够成功,正是因为灵活的小艇可以在如此复杂的环境中接近大型船只。敌友的难以区分和对周边非敌方建筑可能造成的附带伤害限制了军舰的自卫能力。在滨海地区要攻击大型舰船有非常多的方法,而如果要规避附带伤害,军舰在遇到大量(甚至只是几个)小型敌人单位时能进行的攻击或防御行动就寥寥无几。这就是大型军事装备在类似海岸这样的复杂地形中的弱点,而这里地形的复杂性能被小型的、独立的、有能力的个体或个体组成的小团队作为优势有效利用。

滨海地区军事战争的复杂性不仅仅是由其复杂的物理环境决定的。环境是军事单位发生冲突的背景。这就意味着环境往往是挑战的重要部分,但不是挑战本身。地形的复杂性也可用来发动攻击,并且限制了那些结构不适合的单位的有效性。正如美国"科尔"号事件展现的那样,看似渺小的、甚至科技含量低的军事单位在复杂环境中也能有效攻击比自身大得多的单位。

海军陆战队和海军有着截然不同的组织架构、训练方式以及装备,这些都彰显了海陆交界处与开放海域在复杂度上的天渊之别。作为最初就是为了在这种地形执行任务而创建的部队,海军陆战队体现了滨海地区复杂性的很多具体意义,特别是对小型独立化运作小组和分布式控制的需求。高度根植于个人训练,海军陆战队以其多样化、足智多谋又专精的个体和团队闻名。他们也广泛应用了能够协助其在复杂环境中保持高效的技术。总的来说,滨海地区需要的军事力量应该是在当地环境中能有效运作的个体或个体团队,并且各单位间无需太多的协调。

更普遍地说,复杂度曲线可以用来识别针对特定地形环境哪种组织架构更有效。使部队的复杂度曲线与环境复杂性相符合将最大化其效能。这一点在现有的部队编制上就能体现出来。大型战舰适合海洋这种最简单的地形;坦克师适合沙漠或者平原;重型或轻型步兵适合更复杂的地形,例如城镇、山丘地带的田野和森林;海军陆战队基于其作战单位的小型化和针对个体行动进行的高强度训练,更适合海陆交界的地形。这看上去可能显而易见——坦克当然不能在群山或密林间实现有效机动——但其中的原因远比其在不同地形机动性的差异要深刻。相较于海军陆战队,坦克师中的个体所接受的训练和指令也是针对更大规模行动的,而他们的特征行动规模不能有效应对需要更精细尺度行为的地形。不存在既擅长大规模行动又适合高复杂度地形的部队。在复杂的地形上,海军陆战队会战胜步兵,步兵会战胜坦克,坦克会战胜军舰。在滨海地区,海军陆战队队员单枪匹马都能摧毁数条船只。

越南战争时期高复杂度军事战争的经验导致了特种部队的诞生,包括海豹突击队、三角洲部队、游骑兵部队、绿色贝雷帽[3]。这些部队被分成小型化而训练精良的小组。有些特种部队被训练成能紧密协作行动的单位,另一些则是具备专业化职能的个体的集合。他们的训练不光是针对特定军事战斗,还包括搜集情报以及和其他军事力量或平民发展关系。特种部队并不为大规模作战设立,而是针对高复杂度的冲突。他们在阿富汗战争中表现出的高效率,就表明阿富汗山地和越南丛林间气候的巨大差异远比不上它们的共性:复杂地形下对小型独立团队和高度针对性训练的需求。

命令与控制结构

网络与层级式控制

通过复杂度曲线,我们也能开始认识层级式命令的局限。在前面的章节我们讨论过理想化层级结构存在弊病,以至于但凡需要单个人来负责组织内一个部分的协调,协调后行动的复杂度都会被这个人的复杂度所限制。层级式命令结构擅长将行动的规模放大,但不能给它带来更多整体的复杂度。因此,针对高复杂度的任务,层级式指令结构是低效的。

相较而言,网络结构(如人类大脑)具备远超其任何单一部分(神经元)的复杂度。尽管一个随意连接的网络未必见得就比其部分更为复杂,但这样的网络的确可能存在。于是为有效完成更高复杂度的任务,我们摒弃层级式体系而转向网络结构。这也解释了近来企业管理中分布式管理的新趋势,因为商界也发现了,面对日趋复杂的现代社会经济系统,传统的层级架构组织已面临困境。网络军事概念也同样在现代军事思想中开始产生影响。

传统观念中只要不是层级管理,就是一盘散沙——摆脱这一观念是很重要的。网络作为一种社会和技术的组织结构这一概念目前已经被广泛应用,且常用来表明信息和协调的广泛可用性。然而,分布式控制并不是一剂针对层级结构产生的问题的万灵药,它本身也并不保证能产生一个更有效的系统。事实上,"分布式控制"并不对应于任何特定的控制结构。必须就其预期实现的功能,仔细研究分布式网络的能力。只有针对目前特定任务有效的控制结构才能最终获得成功。

人体生理学中的两个例子

存在哪些对军事组织有用的网络?大自然给我们提供了一系列可

以参考的例子。不妨从人体生理学的两个例子开始:免疫系统和神经肌肉系统[4]。人体的免疫系统由多个种类的器官、细胞和免疫分子组成,很多细胞都可以移动,具备感官受体,能彼此沟通,且能攻击有害对象(抗原)来作为免疫反应的一部分。这些细胞独立行动,但通过交流来实现一定程度的协调和专门化的功能。免疫系统的复杂度曲线告诉我们,该系统在非常小的尺度下仍具备由大量独立的细胞、分子所表现出的不同行为带来的高复杂度。这些独立的行为很少集结成更大尺度上的行为,于是免疫系统在比细胞运动大得多的尺度下,并不具备高复杂度。

神经肌肉系统则提供了一个很不同的例子。它由两个分隔的部分组成:被称为神经系统的分布式神经元网络(感官就包括在内),以及由具有高度同步行为(相干行为)的肌肉细胞组成的肌肉。神经系统中做决定的中枢——大脑,同样也是一种分布式网络,它负责处理不同来源的信息来做关于行动的决定。在任何特定的时刻,神经肌肉系统仅实施一个或少数几个独立的大规模动作——肌肉的运动,例如举起手臂或迈出一步。从相当远的距离都能观测到这些动作,而不同于像白细胞运动这种透过显微镜在近距离下才能观测到的动作。不过随时间推移,人体仍能表现出复杂的神经肌肉行为,因为每个大动作都是从海量可能的大规模动作中选择出来的:手臂举起得慢一点或角度稍有不同;向别的方向以略不同的速度迈出步子。利用感官信息,神经系统的分布式网络为这一多样化的选择提供了可能。于是作为一个整体,随时间推移神经肌肉系统在多种多样的大规模(即宏观肌肉运动的规模)动作中进行选择。

神经肌肉系统和免疫系统的复杂度曲线大相径庭,后者难以产生大规模行为。免疫系统在细胞尺度拥有极复杂的行为——不仅随时间推进如是,在任意指定时间内也是如此。这两个系统复杂度曲线的不同是有道理的,因为免疫系统的功能在于保护宿主(免疫系统所在的人体)免于从内部遭受疾病和感染侵扰。只有当抗原进入人体内部时免疫系统才会对之响应。它在小尺度下的高复杂度使之能和入侵到人体内部的微小的细菌、病毒、毒素或寄生虫等有效战斗。相反,神经肌肉系统所应对的是和人体尺度相似的外界物质或环境。这些物体与人体间往往存在尺寸大于人体的间隔。神经肌肉系统产生与整个身体尺度相匹配的高复杂度动作的能力,对人体在宏观物理环境中的存续至关重要。若要神经肌肉系统去应付病毒入侵,其表现会和让免疫系统去防止车门夹手一般,一无是处。

免疫系统和神经肌肉系统间的这种比较,向我们展示了特定组织架构是如何针对特定环境和任务起效果的。它同时也表明功能分隔的重要性——免疫系统和神经肌肉系统都是人体内专精化的子系统,一个适用于保护体内环境,另一个适用于对外部环境作出反应。这个比较重申了一个重点:组织架构反映了尺度和复杂度之间的制衡,以及系统的组织架构要取决于系统的功能。一个针对大尺度复杂行为的系统,其结构是大大不同于针对小尺度下更高复杂度行为而设计的系统的。

恰因为其功能上的不同,这两个生理系统可以被用来作为军事组织的模型。免疫系统能有效应对大量局部化且同时发生的任务;神经肌肉系统则擅长决定一个单一但具有高度选择性的行动。一个有效的部队应能利用两种架构,但必须认识到两者对组织、训练和技术的需求是迥异的。

军事战争中的网络化行动

用人类免疫系统来类比的军事组织是一个由相当多独立主体组成的系统。每个主体都具有独立的感知能力(监视和侦察)、决策能力(基于情报选择适当行动)和行动能力。这样一个多面手主体既可以是单一的非常能干的战士,也可以是经多种训练或以多种装备武装起来的紧密联系的小组。因为这样的小组可以不依靠上级指令或控制来采取行动,这样的主体就是一个"行动主体"(action agent)。通过多个主体的互动,我们就有了网络化的行动主体,也可被称作分布式行动主体。

邻近的分布式行动主体可以互相沟通来协调局部化的行动,但与相隔甚远的部队几乎没有联系。他们通过彼此的互动来协调个体行动以有效地负责进攻、防御、搜寻或其他任务。这种协调使其能达到任务所需的局部能力。如果一个特定任务只需一个人或几个人来完成,那么其他部队不应聚集于此,除非任务需要更多人力。

针对不同的任务和环境,这种局部协调也不一样。复杂冲突往往具有截然不同的局部条件:和尝试围剿停泊在防卫森严的港口中一艘大型军舰的一群小船相比,镇守一片丛林区域的地面部队会拥有不同的通信方式和需求。有些情况下,简单的喊叫和手势都足够,而另一些时候就需要更高科技的通信手段。

考虑下面的例子。当途径崎岖或多变的地形时,比如在一个多礁的海岸登陆或穿越险峻的山区,一种简单有效的对通路的描述("嗨,这里很好走")能提高行动的效率,尤其是视野受阻或者有必要加密通信时。这种情况下设立一个中心化协调控制的移动方式就很没意义,因为局部的地形太复杂多变了。只有就在通路附近时,知道通路的位置才有价值,因此局部化的沟通会有效得多。如果1944年美军在诺曼底的奥马哈海滩登陆时,指挥官在战舰上拿着扩音喇叭通过喊方向来协调部队运动,那么行动还能成功吗?这种喊出的口令对个体的士兵而言几乎毫无用处,他们面对的是各自身边不确定的立足点、埋设了地雷的障碍物以及射向自己的弹药。

相反,分布式行动主体通过协调局部的感知、运动、火力来达成单个士兵无法企及的规模，在上述场景中这才是有意义的。不论通信的具体方式是什么，这种局部协作将导致简单的合作运动模式的产生。我们在形容诺曼底登陆时常说盟军"蜂拥而至"，这个比喻极具洞见[5]。对于鸟群或者昆虫群，个体仅仅通过自身周边几个个体的方位、速度来调整自己的运动，而这种简单的协调造就了整个群体规模下的运动，并且这种运动能很快适应类似于遭遇障碍物等需要调整运动方向的局部情况。形成简单集体模式——如鸟群或蜂群——所需的协调，和同步集体行动这种更精密的战术布置所需的协调非常不同。

于是，局部协调能产生涌现的集体行为，而这种行为永远无法从层级控制的具体指令中直接得来。产生的具体模式不仅取决于主体针对环境挑战采取的响应，也取决于主体间的互动。尝试从全局上控制局部行为将会阻挠对局部挑战的适应，一如指挥官尝试用扩音器来指挥诺曼底登陆部队的行动将会是一场灾难。

通常人们认为这种局部互动规则所导致的涌现模式既奇妙又神秘，而复杂系统研究的一个目的就是揭开这种模式的神秘面纱，以理解它的机制和效力。我们在前文探讨过的类似于"局部激活-远程抑制"这样的互动规则对于理解"神秘的"动物集体行为至关重要。同样，如果士兵们遵从这种简单有限的局部互动规则，他们的个体行为就会形成既有意思又有用的集体行为，而这一点也不神秘！

透过局部互动可能形成的简单协调是一种强大的机制，但并不适用于所有条件。它在小尺度、高复杂度的地形下最有效，因为在这种情况下独立性至关重要。但为了应对一些环境的局部变种或不同任务目标时，一些协调也是必需的。如果任务在不同区域的差异太大，以至于中心化控制完全成为虚妄的尝试时，局部协调就显得尤为重要。

因为个体或团队间并没有复杂的协调方式，这种简单的模式形成过程也有其局限，而有时有效行动需要更精细的协调。这时分布式行动主体就需要实践更高层次的团队合作,而这种团队效力正是传统军事训练的主要目标。取舍的考量就在于所增加的协调将限制个体灵活性。这也就是为何“分布式控制”的概念不足以明确提供一个提升军事组织的通用方法。在“自行其是”和“步调一致”中存在一个广阔的变化范围。因此重要的不是采取分布式控制,而是厘清为顺利达成当前的目标,控制结构需要的分布程度。

分布式控制的相干行动

我们暂且回到神经肌肉系统的例子。系统中决定身体如何行动的部分(神经系统)是一个由神经元交互的分布式控制网络,而真正执行这些决定的部分(肌肉系统)却是针对大尺度效应设计的,以产生相干的、宏观的肌肉运动。得益于网络化决策系统,我们可以基于不同信息源来高度选择性地决定何时采取何种有大规模效应的动作。因为任何时候的任意一个动作都是精密仔细“挑选”出的,而在随后的时间又能选择不同动作,人体运动的复杂性便随之上升。

模仿神经肌肉系统模型的军事组织也将具备大规模的传统(或现代化的)军事能力。不同的是,相较于传统的控制方式(层级结构),它们将采取高度分布化的决策过程,使得在选择的行动中,关于现状的各种因素都能被考虑到。具备大规模下行动的能力本身并不意味着总要调用这种大规模行动,就像格斗中哪怕你肌肉强健、擅长拳打脚踢,也不妨在恰当的时候轻轻一击,做到四两拨千斤。这就是从能达成目标的众多选项中,精心选择使用的力量。尽管网络化行动主体构成的系统(如白细胞或特种部队)的主要用途是同时与大量不同目标交火,但通过对整体情况随时间推移而变化的细节的卓越了解,这样的系统也最适合在恰当的时间对恰当的目标实施恰当的打击。

这一类系统展现了中心化控制和层级式控制并不是一回事。大脑是一个做决定的中心，但同时也是个分布式的神经网络。这种中心化控制方式与指挥官仅仅从几个人（例如层级指令结构中他的直接下级）那里获得信息来做决策大不相同。然而在神经系统中，给特定肌肉中的众多细胞下指令的确实只是相对一小群神经元。这和一个相对较新的（由海军陆战队发展的）军事理念是一致的：具备中心化命令的分布式控制。中心化指令和分布式控制并不冲突，实际上它们相得益彰，如同神经肌肉系统展示的那样。

结论

受人尊敬的军事战略研究专家范克勒韦尔德（Martin van Creveld）曾经说战争是"最具迷惑性，也最被误解的人类行为"[6]。战争具有迷惑性，但不至于让人无从理解。如同其他一些看上去神秘得难以言表的事物，复杂系统的理论也帮人们增进对战争这一行为的理解。利用这些概念工具，比如复杂度和尺度、复杂度曲线和对不同控制架构的理解，有可能对曾看似神秘莫测的复杂军事冲突产生严谨的理解和分析。

传统战争是一个大规模方面的挑战，几乎"大者为王"[7]。在复杂战争中，军力的组织和规模同等重要。相较于类似海湾战争那样通过投入数以万计的部队和无休止的轰炸形成大规模协同军力的方式，复杂战争可能需要把相同的军力投入到很多轻微协调但在各种独立任务中同时运作的部队中去。和直觉相悖，降低统一行动的部队的规模可能反而是关键。换个角度说，当需要大规模兵力时，一个由大量联网的个体通过不同来源和种类的信息进行的分布式决策过程，可能有助于我们有效地选出正确的行动：在恰当的时间和恰当的地点投放恰当的军力。在这种情形下行动的规模或许依然是巨大的，但行为本身是具有高度选择性的。总体来说，任何复杂战争的情形都需要与之相适应的部队。

关于组织架构和效力之间相关性的讨论不止于军事领域。然而军方似乎很快从中吸取教训，部分原因可能是（在军事领域中错误选择带来的）教训往往来得非常迅速且明确。军方吸取教训的另一个原因，在于其拥有一种从过去经验中学习、以前瞻性战略眼光指导未来军事冲突的传统。这种传统也催生了一些明显是针对不同地形需求和不同敌军结构与战略而设立的军事组织。认识到这些经验教训的普遍性是很重要的。复杂系统概念，尤其是复杂度曲线，以可以广泛应用的方式，提供了一种从过去失败中吸取教训的方式。

在过去的几十年中，战争的概念被用来描述“消除贫困的战争”“毒品战争”*等国家层面的挑战，这是发人深省的。它们被称为战争，是因为很多人认为这些挑战需要传统战争那样的大规模部队才能应对。然而，它们和传统战争并不一样。它们是需要在诸多不同地方采取众多不同行动的复杂挑战。仅靠给“消除贫困的战争”大量拨款并不能解决问题。“毒品战争”历经波折，但哪怕是“对毒品说不”（Just Say No）的社会运动也依然采取了大规模的方式。我们至今未取得胜利，至少一部分原因就是我们用错了策略——策略的错误性也体现在我们对常用来比喻它们的“战争”本身的局限性理解。战争未必是大规模事件，我们最复杂的挑战更是如此。

---

* 此处指的是由美国前总统约翰逊（Lyndon Johnson）和尼克松（Richard Nixon）分别提出的一系列政策。——译者

第十章

医疗保健Ⅰ:医疗保健系统[1]

简介

自从不断上涨的成本引发管理式医疗护理*的快速发展以来,人们讨论美国的"医疗保健危机"已经几十年了。就人均医疗保健开销而言,美国位居全球第一。然而,如果用各种指标来衡量,美国的医疗保健质量却远不是世界最佳[2]。很多人都抱怨现有系统的投入-回报比和其他国家相比太过糟糕。还有其他的表现,例如被广为诟病的高医疗错误率和低医疗服务质量,也反映出这是一个处于困境中的系统。为何纵使医疗知识日益拓展、高新科技应用渐增、医师受到更高质量的培训,美国的医疗保健系统还会疲软至此?

我们将表明,答案就隐藏在医疗保健系统的基础金融结构之中。管理式医疗护理尝试用工业时代的效率方式来降低成本,而这和提供高度复杂的个体化治疗在本质上是冲突的。这种精简化的方式削弱了医疗系统提供有效医疗护理的能力,因为系统不再和其任务所需的高

* 管理式医疗护理是美国实施的一系列举措和政策,其目的是在提高医疗保健品质的同时,降低营利性医疗服务以及提供医疗保险的成本。自从在20世纪80年代初实施以来,它已成为提供美国医疗保健服务的基本且专属的系统。——译者

复杂度相匹配。理解该症结的关键在于,搞清“大规模”和“复杂”之间的差异。

重要问题是,为何系统不能自动提供高品质的医疗保健呢?为何局部系统(例如特定的一家医院)不尝试去解决这个问题?整个系统不应该自主地提高医疗保健质量吗?我们需要对医疗保健系统有更广阔的认识才能回答这些问题,包括核心的外部因素是什么以及系统内部的互动。作用在系统上的外部因素会随着时间推移影响系统内部的变化,并在很大程度上决定其发展。这些外部压力是把系统推向正确的方向吗(似乎不是,不然这些问题就该解决了)?外部压力是没有把系统往任何特定的方向上推进吗(有可能,但现状下我们不该希望如此)?还是外部压力把系统推向了错误的方向吗(大有可能)?

要理解这些,我们需要观察医疗保健系统的整体结构。这个系统的确包含方方面面,但我们可以选择一些关键角度来探讨,以帮助我们理解现状——为何从个体医疗保健的角度来观察,整个系统在背道而驰。

医疗保健系统的金融结构

大约100年前,医疗总体来说是通过医师和患者之间的私人联系来实施的,医师们的专业化和组织化程度都不及今日。其基本互动看上去类似于图10.1所示。

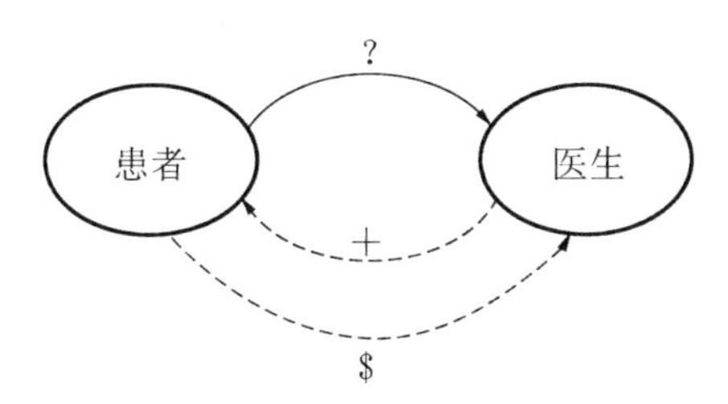

图10.1　传统的医患关系。关于病症等的信息(图中标?的箭头)从患者流向医生,关于诊断和治疗的信息(图中标+的箭头)则从医生流向患者。与此同时,金钱(图中标$的箭头)以治疗费用的方式从患者流向医生

在整个20世纪,医疗保险的发展以及管理式医疗护理的趋势大大改变了这一图景。如今,绝大多数患者都不直接向其医生或其他医师支付完整的治疗费用了。患者向医生支付的"共付额"(co-pay)并不包括全部医疗费用。相对地,雇主(有时是个人)按时向保险公司、其他医保计划或联邦医疗保险(Medicare)支付费用——这些费用并不是针对该时段内实际发生的医疗服务的。从实际操作上来说,这些支付基本是每月一次的银行电子转账。其中一部分钱可能来自员工的工资,另一部分直接来源于雇主企业。不管何种方式,双方支付的额度都是事先商量好的,并且每月保持一致,直到(往往是年度性的)费率发生变化。就所提供的实际医疗服务的性质而言,这个总额本质上是无针对性的:大规模,简单,不包含其最终支付的复杂的医疗服务的任何信息。

保险公司或管理式医疗护理的负责机构将这大规模的资金流拆分,将其转至系统中不同的医疗保健提供方。有时这些费用会直接用于支付特定医生的特定医疗服务。其他情况下,它们作为中等规模的费用支付给医疗保健组织,以分配给个体医疗从业人员作为报酬,或者用来支付手术、补给和其他医疗开销。

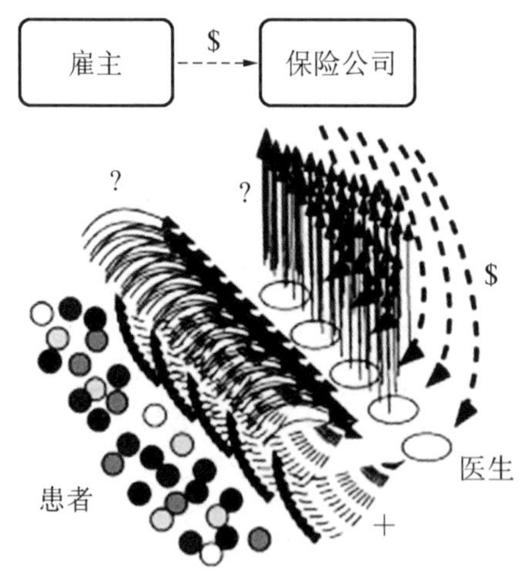

图10.2 当今医疗保健系统的结构。保险公司接受雇主的一次性付款,再用其支付医护人员的具体服务

图10.2展现了信息、服务、治疗和资金在当前医疗保健系统中的流动。信息与治疗在医生与患者之间交换,而金钱大部分是从雇主到医疗保险机构,再到医疗服务提供方以及具体的从业者。现在医疗保健的危机就源于这些流动的结构中。让我们严肃对待"流动"这一概念,并通过其与一个复杂系统现象进行比较来解释这一类系统很难有效的原因:湍流。

湍流

当一个简单的相干流动拆分成众多小的流动时会发生湍流。在激流河水的旋涡中、营火升起的相干烟柱随着上升逐渐化为的旋涡模式中,都能观测到湍流现象。尽管我们能判断出何处会发生湍流,但要预言湍流导致的运动却很困难,因为它不规律并会随时间推移剧烈变化。

在医疗保健系统中,我们有类似的情况。驱动系统的大规模资金流最终得化整为零,来支付具体医生针对具体患者的具体病症的诊疗。当从大规模向小规模过渡时,资金流就和流体运动一样,很不安定。对于医疗系统行业内的人士而言,对于将这种现状与湍流进行类比不会感到吃惊,因为他们亲身经历了过去几十年间的动荡。这一系列激烈又不可预见的变化主要不发生在医生和患者之间,也不发生在雇主和保险公司之间(尽管他们有时感觉自己至少作为利益相关的观察者参与到其中),而是发生在医生和保险公司之间。管理式医疗护理的发展、医师合作社、报告计费系统、医院合并,都是医生和保险公司之间的交接区域。这些改变,尤其是医生和医院联合起来形成更大的组织以提供诸多医疗服务,是针对不稳定的资金流作出的反应。人们集结起来以稳定并掌控资金流。

在人们看来这种资金流中的"湍流"会是什么样子?大规模流动和高复杂度流动间的联系是抽象的,但实际情形很容易识别。归根到底,问题在于对流动的控制,具体地说:谁在对系统内资金流的控制做决定?从20世纪70年代初开始,人们与日俱增地尝试在大规模的那一端来控制资金流动。企业和保险公司在州政府和联邦政府机构的频频干预下协商从雇主流向保险公司的资金量,对每年的费率变化拍板。这些费率变化怎么影响系统?我们得考虑这些变化是如何转化成系统中的流动的。

设想一个简单行为的效果,例如在源头处通过增加(或减少,尽管实际发生的往往是前者)一定百分比(比如8%)的金额来改变流动。这种对开销的增加通常是按年度来的。增量反映出对医疗保健开销的决定。医疗保健行业是怎么实施这个决定的呢?

在资金流的另一端,个体医生给予个体病患基于高度复杂化的选择所形成的高度专业化的治疗方案。他们的选择源自其经年累月的训练和实践经验。单独的治疗费用价格区间极大,从几十美元到几百万美元。这仅仅8%的金额增长势必导致具体医生针对具体病患诊疗的变化。他们必须考虑针对每个病患投入的时间和精力,决定是否实施某些检验和疗法。

通过权衡种类繁多的治疗手段,这些决定必须在健康和医疗间做取舍。面对在昂贵的手术和治疗上的限制,或为了降低自己的开销,医生们将不得不对投入到每次诊察、每个病患、每种诊断测试或疗法上的时间和精力去判断"值不值",而"值不值"参考的并不只是该决定获得成功结果的概率,也包括其性价比。鉴于这种判断涉及巨大的不确定性,并且多半和医生们接受的职业训练不兼容,不同的组织——以及医生个体——会作出不同的判断,而结果就是整体医疗保健质量的极度不稳定和参差不齐。

那些想控制成本的人会怎么做?若要这些医疗护理的管理者针对具体个案来进行价格调整,又要保证调整后的资金总量能和年度决定的金额变化相符合，显然是不可能的。他们唯一能做的就是规定整个系统要采取的总体政策，而这种政策通常限制了病人和医生的选择余地。病人被限于几个特定的医生、医院或其他医疗服务供应方；医生被限于他们被允许提供的诊断检测和药物。病人在医院的时长也可能被限制；医院或许会采取激励措施来减少医护人员对个体病患投入的时间和精力。如果说这样减少病人和医生的选择余地会对医疗保健的效果产生负面效应，你会吃惊吗？用全局化法则来限制一个高度复杂的系统做精细选择，肯定不是个好主意。

在20世纪60年代后期，当医疗保健的开销增速远超通胀率并最终飙升时，控制成本的紧迫性一目了然。“管理式医疗护理”于70年代出现，80年代发展，并在90年代得到广泛应用。早先，“管理式医疗护理”被认为是一种提供更全面、更高质量医疗保健的方法；而如今，它的主要作用就是强加各种成本控制策略来降低医疗保健的总体成本。如同我们之前所讨论的那样，当任务高度复杂时，中心化的层级控制和管理就会失败。这种失败在医疗保健系统中表现得非常清晰。

负责作出关于医疗保健方面决定的是那些关注医疗系统金融层面的人，而非关注患者身体健康的医生——随着对这个情况越来越了解，人们也愈发感到沮丧。这些关注点间的矛盾是不言而喻的。高效率的方案适合大规模生产，但和个体医疗护理的高复杂度并不兼容。

成本控制方法的问题

上述讨论阐明了为何近年来提高效率的尝试导致了组织的湍流，以及对提高医疗保健质量的迫切需求和面临的重重困难。随着病患所需的治疗越来越复杂化、个性化，健康管理组织（health management organizations, HMOs）和其他保险解决方案却在努力地使其财政结构更加大规模化、无差异化。

过去几十年内，所有降低全国医疗健康总开销的尝试都有两个共同点。首先，它们大多是工业时代增进效率的方式；其次，总的来说它们都失败了[3]。不管我们说的是尼克松政府在20世纪70年代初实行的工资和价格管制，还是管理式医疗护理对限制药物配方和诊断检测的尝试，这些成本控制手段顶多就是在开销进一步飞涨前造成了一个短暂的开销下降期。

这些成本控制策略的决定绝大多数都基于降低大规模款项，而这些款项影响的是大量患者而非个体。基于分配金融资源问题的复杂性，这些增进效率的方法产生了意料之外的"间接效果"。间接效果常常会影响医生和医院所能提供医疗服务的质量。更关键的是，越是出现这种质量上的问题，限制医生行为的力量就越大。不管是为了成本控制还是质量，对于执行高复杂度任务的系统而言，统一监管带来的影响就是降低整体效力。

当分析如何提高一个特例或一类病例的医疗效果时，决定对系统做出的改变将会影响到很多其他病例所接受的医疗服务。哪怕这个改变对目标的个案有所帮助，但当各种事情互相牵扯时，也有非常大的可能会造成弊大于利的结果。对于像医疗保健这样复杂的系统而言，几乎任何时候，强加统一性都会得不偿失。

这些难题以间接效果的方式出现，导致人们难以发现它们的源头，并且相关人员往往难以发觉实施的政策和负面结果之间的联系。这就让问题难以得到解决。新采取的步骤也与我们的初衷南辕北辙。人们对医疗系统越发不满，各种问题亟待解决，但解决方案又带来越来越多的困难。

于是，作为保险公司和医生之间中介的机构——管理式医疗护理、医院、医疗服务提供方网络——都经历着管理结构上和医疗服务提供方式上的剧变就不足为奇了，而这些变化都可能增加整体系统内的动荡和困难，而非缓和它们。

问题在于医疗保健系统应该在大规模的资金流方面能高效地运作，同时在小尺度下能呈现出针对具体病患的高复杂度。如果所有患者的健康情况大体相似，需要的治疗大致相同，这种追求效率的方案就能行得通。精简化流程对低复杂度程序是有效的。然而，对于高复杂度、个体化的医疗诊断，"一刀切"的方案没用，只会产生低质量的医疗服务。用我们已经讨论的军事语境来描述，就是你不能指望一个坦克师能灵敏地穿行于复杂环境中。这似乎暗示成本控制和高质量医疗服务不能兼得，是一个两难境地。幸运的是，尽管医疗保健系统的现状非常严峻，但根本性解决问题的方案也的确是存在的。

大规模医疗保健

解困之法源于认识到医疗保健体系中存在**可以**用高效率流程来处理的方面。要在医疗保健系统中应用高效率方法，第一步是甄别系统中哪些部分是大规模且重复的。针对这些部分，注重效率是合理的，并且能省下钱来。然而对那些高度复杂的部分，注重效率则不是个好主意。如果能慎重地从这个角度进行区分，就有多种方式在系统中应用注重效率的方案。现在我们聚焦于医疗保健系统中大尺度的部分，也就是那些应该在人群层面（而非个体层面）处理的问题。的确，尽管医疗护理和疾病治疗通常是小尺度问题，需要通过医患互动完成复杂的个体判断，但它们并不是医疗保健系统所处理问题的全部。哪些医疗服务适合大尺度的效率方案呢？

答案往往在预防保健和公共卫生中。医疗保健系统的某些方面可以用最有效率的方法来处理，包括健康服务（类似于营养计划）、对一些广泛存在的慢性病的管理、产前保健、对常见的轻微症状的治疗（过敏、压力过大、普通感冒）以及预防性措施（例如接种疫苗和通过诊断检测进行筛查)。其中很多服务不需要由独立复杂的主体(医生或其他经过训练的从业者)来作出个体化的决策,它们可以和医疗保健系统那些需要具体化决策的部分分离开,并以基于人群的大尺度方式来展开,而不是传统的医生和患者间一对一的诊疗。

我们有必要回顾一下当今健康管理组织的历史。现代健康管理组织成功的前身们设立的理念是向通常无法获得医疗服务的人提供全面的医疗保健。尽管成本-效果问题始终关键,但其关注点仍是提高医疗服务质量,对其服务对象也少有限制。它非常强调预防保健以及其他传统医疗保险计划所不覆盖的部分。今日的管理式医疗护理关注点却不一样,核心难点就在于人们尝试用同样的组织结构来执行医疗服务中的全部任务。

高效的卫生保健和复杂的医疗护理

为解决医疗保健系统面临的困境,我们认为有必要形成两个非常不同的系统:一个注重效率的系统来应对影响到大量人群的保健问题(这样在大规模下能有效进行);另一个系统以有效且无误的方式来应对复杂的个性化医疗需求。通过将简单的、大规模的"卫生保健"和复杂的、个性化的"医疗护理"分离,我们减轻了医生源自可以被更高效方法处理的病患的负担,使他们能聚焦在那些唯有他们能解决的复杂问题上。这不仅会产生一个更划算的卫生保健系统,也能造就一个更有效且无误的医疗护理系统。

图10.3中展示的高效的医疗系统的运作方式或多或少类似于传统的批量生产工厂模型。这一系统的有些特征看上去令人不安:它很大程度上不是基于医生的,不是基于预约的,甚至不是基于个人的。护士、技师和其他非医师从业者可以管理普通的疫苗,还可以对一大群人开展常规诊断检测,而不必通过单独的预约。这种诊断检测的目的在

于确保人群层面的高健康水平，以及辨识出需要医师一对一医治的病人。大规模的卫生保健系统不处理特殊病例，所有需要特别医治的患者都被转到医疗护理系统。使用大规模的卫生保健系统的大部分人都身体健康，他们只需要预防疾病。针对这些健康者的项目将是大规模且注重效率的。但一旦发现问题，针对患者的医疗护理将是高度个性化且注重效果的。

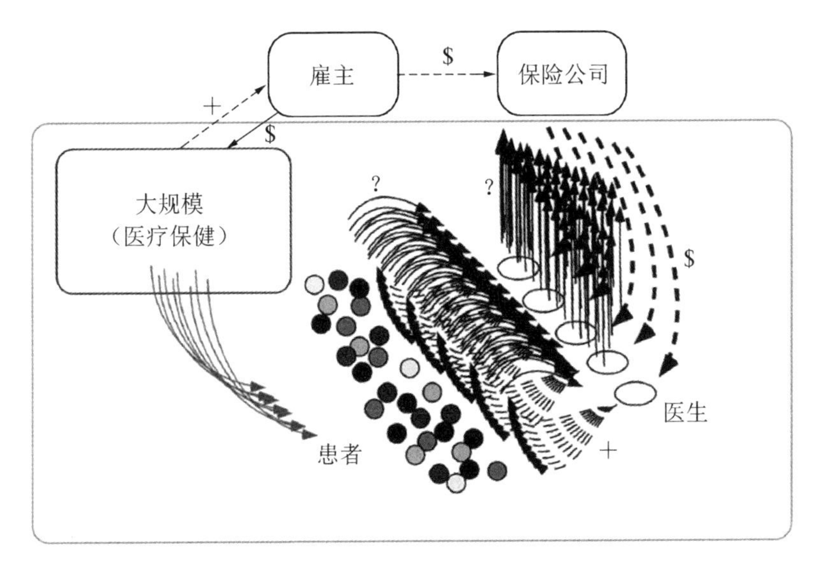

图 10.3　拟议的新医疗系统的结构*。一部分用来应对高效的、基于人群的卫生健康项目，另一部分用来应对复杂的、个性化的医疗处理

举例来说，用人单位可以制定一个移动筛查项目，卫生保健组织定期将设备运到办公场合。这些测试可以由技师来执行，而其结果仅用于向医生转诊。如果结果显示必须采取进一步措施，便会建议患者预约医疗系统内的医师进行一对一诊察。患者之后的治疗将需要由训练有素的医师和其他医学从业者作出具体而仔细的决定。

---

* 此处及下文中用“医疗系统”来指代前文阐述的“卫生保健系统”与“医疗护理系统”。——译者

用人单位、社会组织、社区中心以及在一些情况下类似于疾病预防控制中心与医疗保险和医疗补助服务中心这样的政府机构，就非常适合开展基于人群的卫生保健项目。有人或许不信，但好的雇主是在乎员工的健康状况的，甚至比员工本人更在乎，因为员工的个体健康对用人单位的生产力非常关键。任何时候，任何员工都会有小概率患病，而降低这个概率对用人单位而言意义重大。这就意味着用人单位和政府机构会有动力去发展——并应该会欢迎——来自提供基于人群的卫生保健组织的服务（如果价钱公道的话）。

筛查和早期发现：医疗和经济效益

高效率的卫生保健系统对人群层面的护理高度依赖于有效筛查和检测的发展，而人们对于这些技术的有效性争论不休。有些担忧是从医疗角度出发，另一些则是从经济效益角度出发。然而需要认识到，如何检测疾病并实施早期治疗的知识在迅猛地发展。除此之外，早期检测带来的经济收益的一个关键方面源于这种测试的大规模高效应用。现有系统无法高效地对大量患者进行这些测试，因为这个系统并不是为此设计的，这也是该检测的经济效益遭人质疑的一个主要原因。在我们能恰当地评估哪种检测能有效地大规模使用前，我们需要改变两个基本假设：这些检测将由现有的基于预约的医疗系统来进行；检测的技术不会变化。有些曾备受争议的检测手段现在得到了广泛使用，包括乳房X光检查、“全身扫描”等各种成像技术。还有些未得到广泛采用的传统的筛查检测，包括由压力测试来分辨易患心脏病者。如果能够广泛并系统性地使用这些检测，就可以用来预测避免更严重疾病所需的医疗干预的水平和类型，而不是必须等待更明显的症状出现。如果能够频繁地筛查，就有可能及时进行干预，而不用等到症状出现后再紧急反应。

并非所有的检测都是个好主意。尽管如此，为从一个更好的角度来评估这些检测是否有积极意义，我们可以将它们的引入和其他行业（例如消费电子行业）新技术的引入进行比较。我们目睹了高清电视的普及过程。如果我们在高清电视普及之前几年来研究这项新技术，会认为它性价比不高，并且（在当时）没有广泛的用途。然而高清电视普及的方式是先从高价的版本开始，当时只有少数人可以享用。然后渐渐地，随着技术的进步和产能的提高，它变得越来越容易被大众享用，企业也开始能通过生产它来赢利。高清电视的生产者们怎么知道这条路走得通？刚开始，他们也不确定。但他们有着从之前数代消费电子产品中得来的经验。这个经验告诉他们，技术会随时间推移而改进，并随着接受率的提高，能通过量产降低价格。当我们考虑卫生保健时，却没有这样思考。因为医疗系统不是基于大规模生产来设计的，同时医学研究也不允许我们去假设在未来人们会知晓更多关于如何利用医疗检测得到的信息。

高效率的、迅速的、高性价比的医疗检测和疫苗接种会大大增进效率，并减轻源于个体病人治疗的经济压力。还有另一个行业的例子能提供类比：对工厂实行预防性设备维护进行的研究和实际操作调整都已产生了重大的影响[4]。预防性设备维护并不能立马降低成本。起先它还会导致大量的工作，因为预防性维护找到了大量隐患，于是就需要维修更多的设备。然而，这最终会导致整体成本的降低，因为经过适当维护的设备会降低故障率。从另一角度说，维护不当将会使整个系统进入恶性循环，一边是出故障的设备，一边是在紧急状态下不得不超额支付的维修费用。研究表明，后者会导致花更多的钱并且设备可靠率更低！看清这一研究结果和医疗领域现状的关联并不困难，在现存医疗体系中我们就付出了更多，得到的却更少[5]。很多其他国家建立的医疗系统相比美国的就更注重公共卫生。这并不是说它们的平衡就做到位了(也许它们还该更偏重公共卫生一些,或者需要更多关注个体医疗一些)。但这说明,当我们只关注在个体患者的诊疗上控制费用、提高效率时,我们会在错误的路上越走越远。采用预防性检测和早期诊断技术会在一定时期产生更大的开销,而一旦这种检测能大规模应用,成本就会有巨大且持久的下降。更重要的是,我们花了同样的钱,却通过改善健康状况获得了更好的生活品质。

关于预防性设备维护的研究传递的信息简单明了,然而要让机构如此行事却绝非易事。长远来看,仅关注眼前问题的短视看法通常都是低效的。尽管刚开始采用长远观念的确在短期会带来更多麻烦(至少在经济成本和精力方面),但成功的关键在于建立长远眼光并坚持下去。若能在局部环境进行试验,就更容易建立这种观念,以促进更广泛的应用[6]。

结论

现在被称为"医疗保健"的是一个个性化的系统。纵使其中很多服务实际上是通用的且基于人群的,医疗保健系统仍主要以传统的医患一对一的模型来提供这些服务,因为这样它才能确保在必要的时候提供个性化医疗处理。问题就在于同一套系统既要提供经济高效的卫生保健,又要提供高度复杂的医疗护理,那么它在这种分裂中苦苦挣扎就不足为奇了。通过管理式医疗护理和其他保险和护理提供方案来降低价格的努力势必降低有效性,这就体现在频繁出现的医疗错误和不断下降的医疗质量中。治本之法在于将复杂任务和大规模任务分离开来。个性化医疗护理需要交给一个精细的医疗系统,同时创造一个截然不同的系统去应对大规模的、高效率的保健或健康项目。目前驱动医疗系统的大规模金融结构可以和一个高效率的、基于人群的保健提供系统相匹配,从而明显缓解由当前分配问题引发的诸多动荡。结果就是:更健康的人群,对高质量医疗服务的重视,高压之下的医护工作者的解放,甚至可能还有更低的开销。

改善任何组织的表现,都涉及评估并妥善处理系统在规模和复杂度两方面的需求和能力。我们要识别并区分规模和复杂度,并以此分别处理。高效率的方法可以应用在涉及规模的问题上——如那些需要重复大量同样行动的问题——但不能用于涉及高复杂度的问题上。如果你尝试把一个简单的大规模流程弄得很复杂,那就是白白浪费资源。你可以通过提高大规模流程的效率来降低成本,但如果你尝试通过提高复杂流程的效率来降低成本,就会导致更多的错误。在大规模任务中增加效率,在复杂任务中匹配复杂度,这就是关键所在。

第十一章

医疗保健Ⅱ:医疗错误[1]

介绍

近年来,医疗保健行业逐渐意识到了自己的可误性(fallibility)。一份美国国家医学院2000年发表的报告[2]表示,美国每年有44 000—98 000人死于各类可预防的医疗错误——这比每年死于车祸或乳腺癌的人还要多。尽管医疗错误致死的认定和计数方式仍存在分歧,但不管你采信谁的数字,这个问题都已非常尖锐。在本书的第一篇,我们认识到错误频出往往是系统复杂度不足的表现。医学和医疗实践都具有惊人的复杂度,而现存系统并不能有效应对这一点。

与医护相关的危险已成为美国公众日益关注的问题。报纸头版和杂志封面上频频出现那些引人注目的——往往也是致命的——医疗事故案例。替罪羊心态往往主导着大众对医疗错误的认知,在这种心态下,记者和读者会明确地将责任归咎于特定的个人、流程或设备。

尽管已经意识到全面改进的重要性,但人们并不清楚怎样的架构能帮助医疗保健提供方来理解医疗错误的来源。美国国家医学院强调,减少医疗错误的关键在于认识到错误是"系统相关的",而不应归咎于个体的疏忽。认识到医疗错误源于系统设计上的不足是很好的第一步,但没告诉我们该如何改进系统以防止错误发生。在这一章里,我们来了解一下一个有效的且无错误的医疗系统应该有些什么特点。这样的系统包括有效的从业者,也包括不同个体间有效的沟通渠道和协调行为。光是解释能应对复杂医学任务的系统所具有的属性还不能看到问题的全貌。我们还需要再迈出一步,以了解如何创建这样的有效系统并使之与时俱进。这些我们会在第十五章讨论。

处方以及向患者提供药物的问题

在向患者提供医疗服务的过程中,有很多方面都有可能会出现医疗错误。我们将讨论处方错误的问题,这是医疗领域最常见而研究最广泛的错误形式之一。我们从这个例子中学到的,也能应用到其他产生问题的领域。

提供药物是医护行业进行的一项重要且复杂的服务。理解一个任务复杂程度的一种方法,就是数数它对应的可能选项。开处方和提供药物有多复杂?2004年美国大概有15 000种药物注册在案。给一名患者提供正确药物,相当于确保其在15 000种可能性中得到正确的一种。这还不算完,还要选择正确的服用方式,包括剂量和时间。面对如此多的参数,想象一下整个可能性空间有多大,而其中相当大一部分是有潜在危害的。护士认识到这一问题的复杂程度,并采用“五正确”的口头禅来自我检查:正确的患者、正确的药物、正确的时间、正确的剂量、正确的给药途径。当一个任务中,相对每一个正确选项都存在大量不正确选项时,错误就很有可能发生。反过来说,如果错误在大量地发生,很可能就意味着现有系统应对的是一个其无法有效处理的高复杂度任务。提供药品系统的问题在于,多年来它并没有被修改以适应其随着药品数量越来越多导致的复杂度不断攀升的任务目标。现在人们正努力改进此系统,然而要让新系统奏效,必须搞懂老系统为何不灵。

举例说,我们想象一下住院患者用药的传统系统是怎样的*。医生在病人的病历上写(或涂鸦)处方单,通常来说会使用一些约定俗成的缩写。然后,一个医院雇员从病历上将之复印并交给药房。药剂师看这个单子,然后完成处方单,并把药物交给医院雇员(或许是送单子来的那个,或许不是)。该雇员再把药物送到医院正确的病区交给护士,最后由护士给病人服用药物。

我们先来检查这个流程中的一环:医生在纸上写处方。理论上来讲,医生在写单子时有15 000种药物的选项。选择泛滥的一个显著方面就是名称混淆。比方说这两种药:西乐葆(Celebrex)和塞雷比克斯(Cerebyx)。前者是一种处方药,可缓解关节炎疼痛;而后者是治疗癫痫发作的抗惊厥药。名称混淆会导致对患者的错误治疗,这只是一个例子,还有很多英文名字相似的药物在配药时造成过混淆。其中包括利必通(Lamictal,用于治疗双相障碍的抗惊厥药)和兰美抒(Lamisil,抗真菌药);仙特明(Zyrtec,抗组胺药)和善卫得(Zantac,溃疡药);萨拉菲姆(Sarafem,抗抑郁药)和释卵芬(Serophene,生育药)。

处方错误同样会出现在使用剂量中。举例说,在华盛顿哥伦比亚特区有一个广为曝光的案例[3],一位外科医生给一名9个月大的婴儿开了一张处方单,写着“.5毫克”(而不是“0.5毫克”)吗啡,要护士在一系列手术之后施用。文员将之誊写为“5毫克”,既没有小数点,也没有0,而药剂师就按这个量开药了。护士也谨遵医嘱,依此用量(错误的剂量,10倍于预期的量),结果孩子去世了。

---

* 这里是作者按照21世纪初美国的情况来分析的。近年来随着医院电子管理系统的普及和改进,文中所述的一些部分已经和目前的常见流程不一样。但核心在于,通过这一典型流程,理解本书第四章所讲的可能性与任务复杂度之间的关联,并培养一种对“什么样的系统有很大概率出错”的观察和分析能力。——译者

对于这个悲剧,我们可以归罪于整个处方-用药环节中的任何一个人。我们可以说医生犯了致命错误,没有写小数点前的0,而让整个数字产生更多误解的可能;我们也可以坚持认为文员漏看、漏写了那个小数点,所以罪责在他;我们还可以说用药的护士本应该意识到这个剂量对这么小的孩子而言太多了。在此案引发的关注中,以上关于“谁之过”的所有假说都被提出了。

可能性空间

针对这一悲剧性错误的一系列陈述,却漏掉了最重要的信息:每一个步骤的可能性空间。这一事件的几个当事人在自己的行动中面临着迥异的可能性选择。每个任务面临的可能性决定了错误的概率。若不理解可能性空间,我们就无从评估系统并查明错误何来。

举例来说,如果针对任何病人,吗啡的使用量都是0.5毫克会怎样?在这种情况下,药剂师和护士应该会意识到,永远不存在哪种情况需要使用5毫克吗啡。换过来说,如果吗啡通常都是以5毫克的剂量使用,那更多的责任就在于医生,他应该通过增加小数点前的0(或许还应该把小数点画得更清晰)来强调0.5毫克是一个特例。

图11.1以图示的方法表现了这一问题的可能性空间。圆点代表了

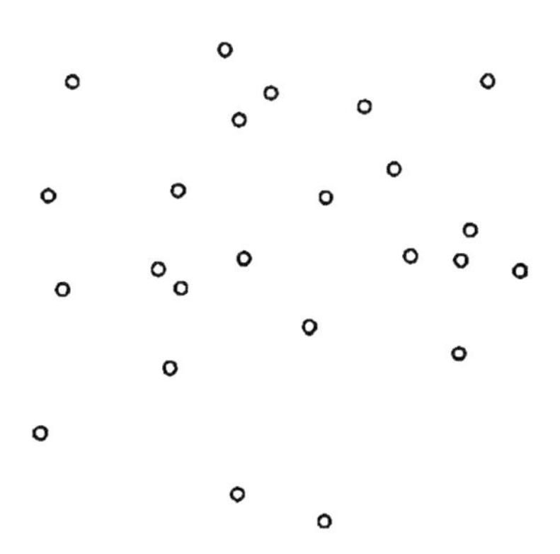

图11.1 可能性空间:每个点代表了一个可能的有效决策

在给患者用药的决策过程中可能性的集合,而每个点代表在一定情况下是正确的一种可能性,而每种可能性都是由其药物的种类、剂量、用药途径、用药时间、患者等信息来定义的。针对具体的情景,我们希望有且仅有一种可能性发生。

理想情况下,医生写处方时会记录与某个可能性的完整描述相对应的信息。这样,在后续配药的环节中,这些信息就会导向正确的选择。一般地说,任务的复杂度就是用于确定其中哪个“点”发生了(或应该发生)所需的信息量。其中一种衡量方式是描述的长度——比如说用于记录的字母的个数。因而,一个特定的处方单的复杂度可以通过医生所写的描述的长度来衡量。

发生错误时会怎么样?如果医生错写一个字母,或者药剂师误读一个字母,处方单描述的信息就不再完美地指向那个正确的可能性。在图11.2中,圆点周围的环表示了这种误差。举例来说,在书写药物名称时将一个字母偶然替换成了另一个,就从靶心的白环进入了浅灰色环,再误写一个字母就会进一步扩散到深灰色环中去。因为这个可能

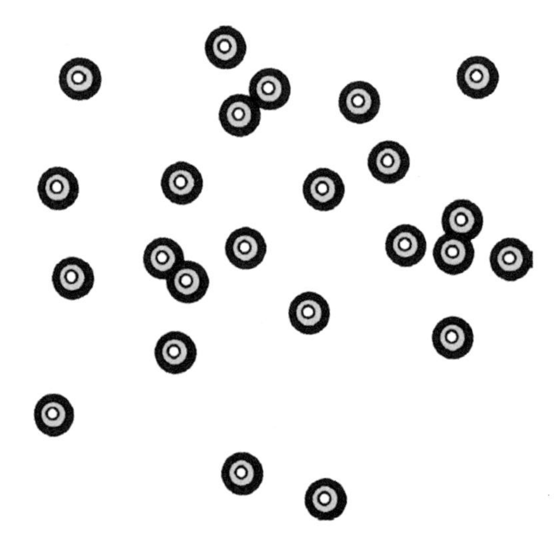

图11.2 圆环代表了错误引起的结果。只要圆环不互相重叠,依然可以推断出正确的选项

性空间中，有些可能性（靶心）的误差圆环彼此交叠，少数几个错误就会把我们从一个可能性带到另一个迥异的可能性中。

设想医生在写Cerebyx的处方，但书写中犯了三处错误：把r写成了l；把y写成了r；在x前面加了个e。在犯下这三处错误之后，他实际写下的是"Celebrex"——截然不同的一种药。这些错误使他从明确指定一种可能性转向明确指定另一种可能性。哪怕他只犯了一个错误（举例来说，写下"Celebyx"），这个处方也将位于几种可能性之间。这时，它指向的可能性就很含糊了——他到底想写"Celebrex"还是"Cerebyx"？

通过这个讨论，我们可以看到理解可能性空间结构的关键性。如果没有一种药的名字和Cerebyx接近，那么写错一两个字母也许不会产生不同的结果。比方说，如果整个市场上只有两种药——Cerebyx和Prozac（百优解），那么偶然错写的"Celebyx"也毫无疑问指的是Cerebyx。如果所有的药物使用剂量都是0.5毫克，那么漏掉处方单上的0也不会让我们含糊地进入另一个可能性——因为对于剂量压根没有另外的可能性。这些点相距越远——或者整个空间内的点越少——你犯的错误多到足以跨越它们间隔的可能性就越小。

纠错

针对医疗错误问题，很多机构都提出过建议，包括各种程序上、组织上、技术上的改变，希望使医院、诊所、药店减少错误。其中不少建议都颇具道理。然而，除非你对想改变的系统有很深的了解，否则很难知道哪些改变会真的见效。何况，在无法解释一个改变为何有效以及能多有效的前提下，也很难激励人们去实施改变。关键在于理解复杂度和尺度所扮演的重要角色，我们也将以此来分析所提议的这些改变。

有五种很自然的减少医疗错误的方案：反馈校正、移除步骤、冗余、自动化以及降低任务的局部复杂度。前面四种在恰当使用并有效实施的情况下,能确保作出的决定(如医生想写的处方单)能确切被实施(如护士最终给病人使用的药剂)。五个方案中的最后一个(降低任务的局部复杂度)还有另一个用处:降低决定过程中出现错误的概率。下面我们分别讨论上述每一种方案。

在探讨这些旨在减少错误的方案时,我们需要明确一点:我们讨论的不是实际诊疗决策中关于"哪些治疗是必要的"这种微妙的判断失误。我们这里所说的错误,是该做的事(医师的决策)和实际做的事(行动)之间的明显偏差。

图11.3中的流程图代表我们关注的这一过程。一个决策者(通常是检查过患者后的医生),做了一个执行正确行动的选择。这个选择通过一系列实施这一治疗的中介来沟通。各种纠错方案都针对"轨迹偏离"这一问题,即最终实施的治疗与医生期望的不同。

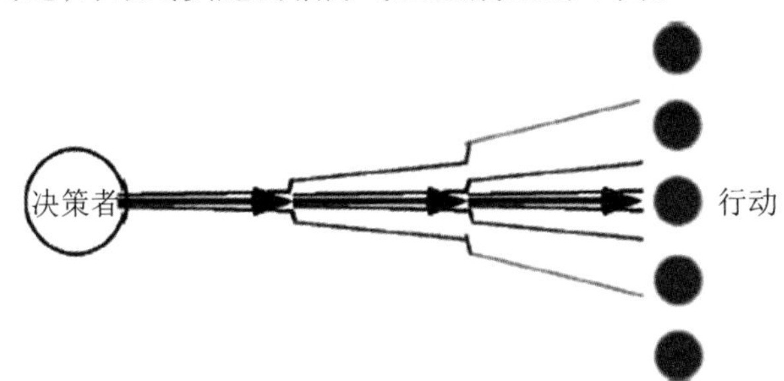

图11.3 决策和之后好几步可能产生错误的沟通过程,以及最后的行动

图中描述的医学实践模型并不总是适用,但将之视为考虑医疗错误相关的一些关键问题的第一步是很有用的。但我们仍应知道它所蕴含的假设。首先,我们假设整个流程中医师是唯一的决策者。在这个假设下,所有其他医疗从业者,不管是护士、技师还是药剂师,都仅仅负责执行医生所做选择的实际细节。药剂师仅负责将从医师那里来的信息(处方单)"翻译"成具体的药物,而护士仅负责给患者服用这些药物。第二个假设更难以察觉,就是药剂师仅仅接受一类医师的指令(不是一个,而是一类医师)。

这两个假设都未必成立。在本章后文我们会讨论它们的局限,以及假设与现实不符时会怎样。从一个简化的模型开始,我们便能介绍一些预防错误发生的基本方案。当我们加入更多真实世界的细枝末节后,我们能看到现实中的复杂情况如何影响每个方案的效用。

反馈校正——检查一次,再检查一次

如果你的系统发生了错误,消除错误的一种途径是通过增加检验程序来捕捉(并修正)那些已经发生的错误。在药物的使用流程中,这种“反馈校正”的实现方法是在最终服用前复查处方单,甚至可以在流程的多个节点进行多次复查。

最直接的办法就是医生本人在患者服药前再亲自检查一遍。理想情况下,用药流程是这样的:医生在医院里出具处方单,后面都是常规流程——医院雇员将处方单拿去药房,药剂师来配药;然后处方单和药品返还医生复查,由他来确定配的药的确就是他最初想开的药;如果药都符合,他就批准,后续流程照旧;如果复查不通过,就意味着捕捉到了错误,进行相应修订后重新回到常规流程。

这个情形却不那么现实。医生手头有大量工作,不可能指望他们对医院发生的每一道医疗流程都进行核查。另外,协调医生的日程安排使其能在正确时间和地点去完成每一道复查将异常困难。然而,有更可行的方式来实现这种纠错方案。比方说,如果需要的药在很近的地方就能获得,这种由医生进行的复查就有可能实现。这种复查已经以有限的方式实现,比如对于某些在医生办公室、手术室或住院楼里就有的现成的药。

医院既有的流程中也存在着更广义上的复查机制。医生开的处方单会保存在患者病历上,而病历由患者随身携带或保存在附近(比如护士站)。处方单的副本被拿去药房。一旦副本随着药物回到病人处,就

能将其和患者病历上的处方单原件核对。当然,如同我们在华盛顿哥伦比亚特区的案例中所看到的那样,制作副本这一过程本身也可能引入错误。确保制作的副本是有效的,需要额外的关注和自动化的方案,例如复写纸、复印机或传真机。然而讽刺的是,这些自动化流程又可能会引入新的问题(包括复印质量差、设备故障、需要足够耗材、维修和备用系统支持等)。

利用这些复查机制,我们给信息增加了一条途径(图11.4)。一个途径是处方单的一个副本被送往药剂师处去配药;另一个途径(病历中的处方单原件)不直接涉及配药,它唯一的作用在于准确保存决定用药的处方单信息。一旦药取来了,就将药和原始处方单(不是用以配药的副本)进行核对,确保这个药就是医生最初开的。这种复查流程就能查出发生在医生开具处方单和实际用药之间的错误。

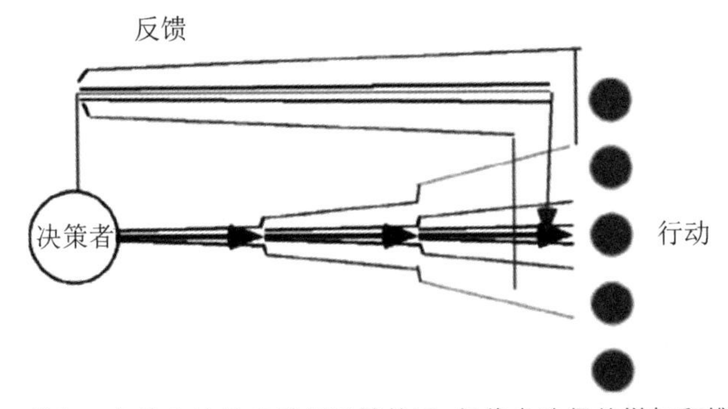

图11.4 增加一条信息途径来进行反馈校正,但信息途径的增加和维护本身也产生了出错的可能性,并且一定会增加工作量

然而,这种方案存在几个问题。首先,它引入了可能发生错误的额外步骤。创建一个额外的信息途径至少需要两个额外步骤:一个是开始时将信息写入到两个途径上,另一个是在结束时将它们互相比对。其次,这个方案并不能捕捉流程第一步发生的错误,也就是医生开具处方单过程中的错误。如果处方单写错了,我们制作处方单的副本,错误就会同时存在于两个版本中。因为流程第一步具有这样的特殊性,我

们在探讨每种纠错方案时要特别注意它。要解决这个问题,我们需要将书写(或输入)处方单这一动作视为整个信息沟通中的第一步,并找出方法来复制这一步以备复查。在我们讨论这如何实现之前,我们先来考虑下一种纠错方案——移除多余步骤。

移除多余步骤

另一种减少错误的重要方案是移除可能引发错误的步骤(图11.5)。举例来说,在华盛顿哥伦比亚特区的案例中,如果没有誊写处方单,或许那个小数点就会被注意到,而患者也会被施以正确的药剂量。

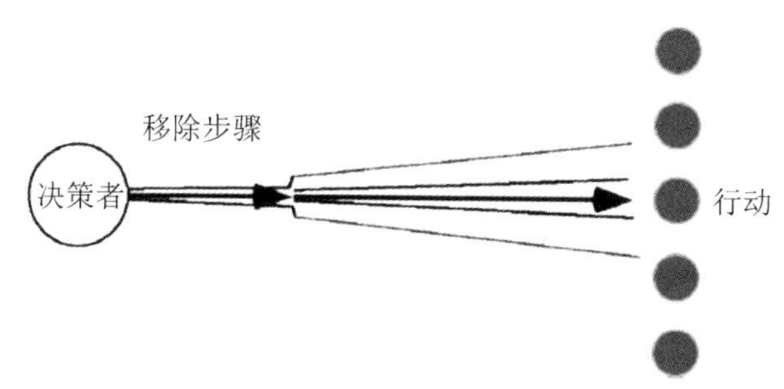

图11.5　移除多余的可能产生错误的步骤(这里比图11.3少一个步骤)可以降低错误率

如果现存的流程包含不必要的步骤,移除这些步骤会降低原流程的错误率,这比出现错误再去改正更好。同时这也是降低流程耗时的一个好方案。比方说,在华盛顿哥伦比亚特区另一家医院的急诊室中,接收血液检测结果的流程已经从原来的8个步骤、7个当事人、耗时约60分钟,精简到了3个步骤、3个当事人、耗时仅3分钟[4]。这一流程变化得益于在急症室的中央放置了一个小型的验血设备。这样,抽血者可以立即将样本送到化验点,而不用把样本送至医院的另一个区域,节约了大量的时间并大大提高了整个流程的效率。

然而,当我们尝试移除不必要的步骤时也可能发生一些问题。首先,这些额外的步骤可能会有其他的作用。例如,如果我们想进行上一节讨论的反馈校正，就需要额外的步骤。尽管减少步骤数可以降低错误率，但若移除了关键的复查步骤，就可能会得不偿失。在增添步骤以供复查和减少步骤避免错误之间的取舍需要非常仔细的考量。如果你想要人们顺次工作来拆分整个任务，移除沟通步骤便也不现实。在流程中的一部分需要专家或者特殊设备时往往如此。

除此之外，移除步骤的方案和反馈校正一样，无法影响到第一步：处方单的开具。我们不能移除这一步(除非医生直接去配药给患者使用)，而在第一步中杜绝错误非常重要。

冗余

防止错误产生的第三种方案是使用冗余。要创造冗余，从流程的最开始我们就得使用比所需最小值更多的信息。降低错误率的关键，在于流程开始时就从医师那里获得更多的信息。这个信息会贯穿流程始终，这样流程上的每个人都能比对并确保自己在按医师的意图正确执行，以此来降低总体错误率(图11.6)。一大堆冗余信息可能成为负担，但其实信息稍多一点往往就能极大地减少错误。

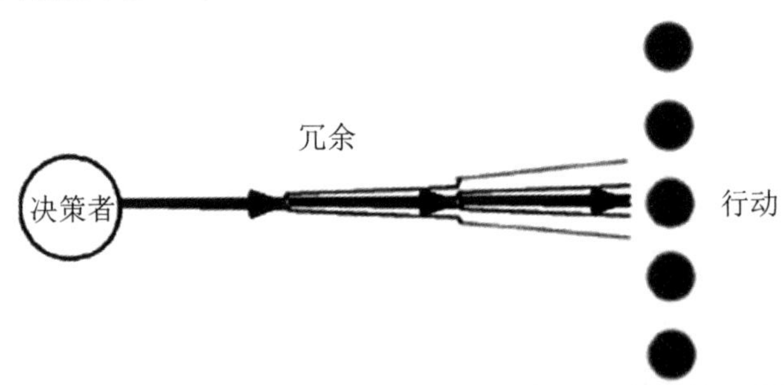

图11.6 冗余增加更多信息，由此来降低每一步的出错率(包括第一步)，如图所示减少步骤间可能性的发散

若在用药流程中使用这一方案，医师与原先相比，就需要在处方单上录入两倍的信息以描述他想开的药。使用比所需最少单词更多的词来描述他期望的那种可能性，这就建立了可以用来纠错的冗余。如果

说没有冗余信息的处方单也可能被正确执行,添加词语看上去似乎就毫无意义并且浪费时间。但是,一旦系统发生流程错误而冗余能导向正确选择,结果就会天差地别。

比方说,所有的医师可以在开处方单时,既写药物的通用名又写商品名*,或者写下药物的名称和它作用的症状。处方单可以包括任何额外的可用来分辨所需药物的信息,甚至是包装的颜色或形状。这种信息是冗余的,但它能用来检查其他的常规描述。

如果你的描述总是包括药物名称和作用症状,哪怕不小心把"Cerebyx;癫痫"写成了"Celebex;癫痫",仍可以清晰地表明你要开的是抗惊厥药Cerebyx,而不是镇痛药Celebrex。通过增加对处方药描述的信息量,可能性空间的维度增加了。这有效地增加了图11.1的可能性空间中点与点的距离,因为从一个药物的可能性到另外一个可能性时需要犯的错误数变大了很多。点与点之间隔得越远,错误就越难以发生。如果点之间足够远,哪怕更多错误也不会引起足以导致危险后果的模棱两可。

这也是为何建议医师们写"0.5"而不仅仅写" .5"的原因。前者包含了足够的信息,使得在绝大多数情况下都能被正确识别,而后者容易出错,因为它的冗余很少。

和反馈校正一样,增加冗余意味着给医师增添负担。然而,因为有了这种冗余——比如说处方单上既有药物名称又有作用症状,药剂师(或护士、患者)就可能在服药前察觉并纠正错误。从复杂度和尺度的角度讲,这和让医生在患者服药前再次确认是同质的流程。在这两种流程中,来自医生的信息都翻了番,可以用一份来检查另一份。通过冗

---

* 药物的通用名指药物以主要成分命名的非专有名称。药物的商品名指特定企业对其药物使用的专用商品名称。如解热镇痛药对乙酰氨基酚,其通用名是"对乙酰氨基酚",而不同厂商以此生产的药物商品名包括百服咛、泰诺林等。——译者

余，我们一次性将信息加倍，并且在后续流程的每一步都可以检查这两组彼此相连的信息；而通过反馈，这两组信息是分开的，我们只在之后流程的一个特定节点来比对两者。这两种方案规避错误的方法有所不同，但非常相似。

冗余方案的一个关键优点在于它降低了第一步（也就是医生开具处方单时）发生错误所带来的影响。这第一步中，无论医生如何与后续流程进行信息沟通，包括我们即将讨论的自动化方案，确保这一步正确实现都至关重要，而冗余能帮上这个忙。

自动化

自动化涉及识别无需复杂决策的流程和步骤链，并通过引入计算机和通信技术使其变得更高效。它也常常能减少流程涉及的人数或步骤数，以避免递交材料、口头沟通时可能造成的错误。

为什么计算机能帮助减少错误？首先，因为它们没有人复杂。在流程中引入人就产生了变化的潜在可能，因为人类太复杂了。相比起机械地执行简单的任务，人更擅长做复杂而精妙的决定。针对一个特定情境，一个人可能有成千上万种不同的反应方式。相对而言，计算机远不如人类复杂，但它能够非常可靠地执行重复的简单逻辑操作。

说到降低错误率，人们往往“自动”想到自动化，但这并不总是最佳答案。有趣的是，当最常用的计算机频频崩溃时，计算机仍被认为是避免人为错误的最佳方法。人们可能是看了太多的科幻电影了！自动化存在两个关键问题：正确的实施和有效的用户界面。当没有正确实施时，系统会出各种错误，正如图 11.7 展现的走向错误方向的自动化流程。因为人们相信自动化是解决问题的方案，所以面对错误时他们常常怪罪于程序员的程序设计不当导致实施错误，而不去反思应用自动化这个方案本身。如果用户界面设计不当，当流程刚开始告知设备做

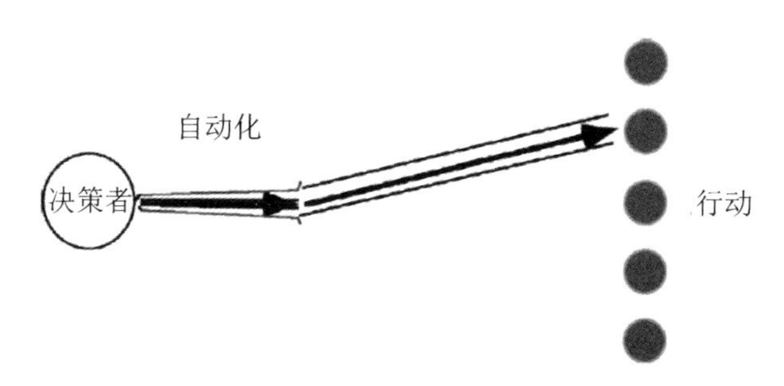

图 11.7 自动化降低了在被自动化环节中出现随机错误的概率，但可能在起始点和实施流程中以难以发觉的方式（程序漏洞）引入问题

什么时就会产生很多错误。在这种错误发生时人们总会责怪输入信息的人，而不是用户界面，也不是自动化方案本身。随着任务复杂度的提升，要避免这两大问题也越来越难，有时候比让人们手动来完成这些流程还难。

一般来说，要真正利用起自动化，就必须明白它擅长什么。当任务的执行可以被唯一且完全地指明，而不需任何后续决策时，自动化将会提高这种任务的执行效率。同时，它还可以通过减少不必要的中间步骤来降低错误率。举例说，如果我们假设医生的处方单能唯一地指明该让患者服用哪种药，那么一旦处方单开具完成，整个配药流程就不需要任何额外的决策了，这时自动化就能起作用。医院可以建立医生和药房间的直接信息渠道，让医生电子录入处方单，然后立刻通过网络传到药房。药剂师也免去了制作处方单副本的环节，只用按照电子单据来配药。我们甚至可以更进一步实施自动化取药（至少是针对常用药），这样，从开具处方单到配药的整个流程都没有任何人工干预。这种自动分配系统目前已经在一些地方得以实施。

现在让我们更仔细地观察第一步：医生写处方单的步骤。这个步骤中自动化能帮上忙的——但仅当正确实施时——是在医生书写处方单时提供即时反馈以供核查。医生往往一写完处方单就会检查一遍，以确认就他而言书写清晰无误。可以设计电子录入系统来增强这种即时检查，比如将手写内容以电子化呈现，或自动展现对应药物的其他信息。尽管这有帮助，但我们仍需警惕。这一自动化过程看上去和医生写冗余信息是一样的，然而不是。冗余信息不是来自医生，它只是被医生核实。与自己写相比，核实有着较低的可靠性，因为它并不需要从医生那里获得太多信息。医生不太可能既拼错一个药名，又写错药的作用症状（还要正好写成了误拼的那种药的作用症状），但有更大可能“盲目”地认可一种电子录入系统（根据拼错的药名）所提供的错误的作用症状。因此，哪怕要用自动化，也最好要求医生同时输入药名和作用症状。关键在于要认识到不应该在医生将自己的决定输入通信系统中这一步骤上去追求效率。纵使有极大的动机去简化流程，规避错误的关键仍是在这一步需要医生提供更多的信息和注意力，而不是更少。一旦电子表单顺利完成，服药时的反馈校正就很容易了。反馈校正需要把信息复制到两个渠道中并保持一致，以互相校对。一组信息被送到药剂师处并转化成配好的药，然后以实体的形式（药）送给患者。另一个渠道是反馈渠道，内容就是医生原始处方单的电子版本。因为电子版本可以自动发送任意多份副本，自动化后的反馈流程就很简单，并且如果设备可靠的话，流程也会非常可靠。

反馈校正可以进一步增强为由电脑（而不是最后施用药物的人）来读取药物的包装信息，来和处方单进行比对。一些药店和医院采用了条码药物选择程序，纸质的处方单会包含一个电脑生成的条形码，药店在配药前可以自动读取这个条码，甚至是用药前在病床边都可以读取。根据美国食品药品监督管理局（FDA）的规定（2004年2月），大多数的处方药和医院常用的非处方药，都需要配备一个条码来明确地标识，包括其浓度和用量。用患者床边的读码器来检查这些信息——尤其是和患者手环上的条码配合来使用——可以发现关于药品种类、用量、服用时间或患者信息的错误。

还有很多其他有用的自动化引入方式，包括电子医疗记录、床边诊断用无线手提电脑，但分清它们能提升什么和或许不能提升什么很重要。电子医疗记录对于轻易地获取或分享信息很重要。然而，抛开其他问题，要确保将最关键的信息提醒需要的人注意却并非易事。手提电脑可以帮助执行各种任务，包括核查药物。上面提到了一些系统提升的潜在方面以及应用中需要注意的事项。在所有的情况中，把什么进行自动化的选择和自动化实施的质量对于有效系统的发展都至关重要。鉴于现有系统已经发展并优化多年，除非经过非常认真仔细的设计，不然新系统都难以得到进一步的提升。

双决策者

直到现在我们都假设系统里只有一个决策者——医生。但实际情况并非这么容易。药剂师也做决策，而不只是听从指令。药剂师通常要负责确定开给同一个患者的多种药物是否兼容，在药物之间的不良反应实际发生前就发现它们，或替换其中不兼容的药物。

药剂师决策过程的复杂度如何影响我们探讨过的解决方案？有些优化方式将不再好用甚至彻底失灵，而另一些却不受影响。

这种情况下，反馈校正碰到问题了。因为药剂师可以替换药物，患者最后使用的药和处方单上的不同或许是有充分理由的。简单的反馈核查不能解决问题。核查过程，不管是手动的还是自动的，需要分辨不同之处是源于有意的替换还是无意的错误。进行检查的不论是人还是自动化系统，都必须识别哪些不一致是合理的。

在处方单中增加冗余仍然奏效。它强化了医生到药剂师的信息沟通，又不会干扰药剂师的决策过程，也允许他在恰当的情况修改处方单。在双决策者的情况下，同时写下药名和作用症状看起来是个很棒的解决方案。

移除医生和药剂师之间或药剂师和施药行为之间的中间步骤可能仍会有帮助，但这无法移除药剂师的参与。对自动化流程也是如此。自动化不应干扰药剂师所做的决定。的确，了解药剂师在决策中的作用，是确定是否自动化以及将哪些步骤自动化的关键[5]。

多对一沟通渠道难题

让我们将对系统的观察更进一步，就能意识到有很多不同的医生将处方单发给同一个药剂师。因为专业化，所以存在不同科室的医生，而每一种专科领域内又有各自不同的常用药。或许有一些药物神经科医生和风湿科医生都会开，但每个专科都还有很多自己专用的药物。

对神经科医生而言，给一个癫痫病患者写一份常规的Cerebyx处方没什么可操心的。如果在神经科医生可能开具的药物中还有另一种名字与之相近，他会很自然地更小心区分以明确他指的是哪种。然而，神经科医生很少给病人开Celebrex，那么从他的角度说，和药剂师之间的沟通已经足够好了。同样，一个正好也给这个药剂师传了处方单的风湿科医生，并不会觉得自己手写的Celebrex处方单有多大可能被误解成其他药物。

但在药剂师眼里完全不是这么回事！问题在于，尽管两个医生不必同时考虑到这两种可能性，药剂师却常常要接触这两种药，这样就很可能发生混淆。更普遍地讲，沟通渠道在药剂师这一侧面临的可能性，比医生那一侧的可能性多得多*。很多不同的人和同一个人沟通时，对

---

*读者可以把此处想象成两个可能性空间的叠加：尽管在原本的可能性空间（专科医生面对的）中，点和点之间都充分隔离避免模糊，但不同的可能性空间的点叠加到同一个新空间（药剂师面对的）后，便可能因距离过近而产生歧义。——译者

后者那一侧的沟通渠道有非常高的要求。这就是为何医生从自己的角度来检查处方单的书写是否清晰还不够。他必须考虑到药剂师看到的是什么——药剂师要从多少种可能性中辨别出他的单据——才能真正明白他得让处方单清晰明确到什么程度。

如果说一大问题就隐藏在沟通的不平衡之中,为何大家没有更关注这一点?答案很简单:人们对医生和药剂师权威认知上的不同。相对于药剂师,医生被认为更重要、更有权力。因此,哪怕药剂师对医生开的处方有疑问,他也不太会要求对方复查。权力是组织中的角色如何定义的关键因素,而系统效能中的弱点往往由对于权力的认知决定。

权力的差异常常用来把负担从权力大者向权力小者转移。在这些负担中也包含着复杂度的负担。当医生更有权力时,他们就会把自己任务中的一些复杂度转嫁给其他人。如果药剂师变得更有权力,他们也能将一些复杂度转回给医生。让医生在本已忙得焦头烂额的情况还要应对药剂师的诸多要求,这显然不是个好主意。只有弄清了任务的复杂度在整个系统中是怎么分配的,才能衡量哪种模式更好。

现在我们知道了问题所在以及其成因,该如何改变系统作为应对?举例来说,坚持要求医生出具处方单时在药名后注明作用症状,看上去像是最直接的方案。或者,不写作用症状,医生也可以注明自己的科室。这个方法较弱,但也能增加足够的冗余信息。标注医生的科室可以通过电子识别系统以半自动化的方式完成。这样系统能区分不同科室医生的处方单,而不需给流程增加什么特殊规则[6]。

我们讨论的下一步会转换重点。虽然我们仍然会考虑沟通渠道,但我们还可以用下一种方案来应对组织中更广泛的问题。这很重要,因为沟通渠道并不是错误发生的唯一原因。要应对许多其他的错误源头以解决系统关联的医疗错误问题,我们就得采用更广的视野。

降低局部复杂度

使用反馈校正、移除步骤、增加冗余和自动化有助于解决与沟通渠道相关的问题。它们或降低了沟通渠道中出错的影响,或拓展了沟通渠道,或降低了沟通渠道的错误率。然而在很多情况下,错误来源于医疗系统中个人所执行任务的复杂度。医疗从业者在做每一个决定时面临的可能性或许太多了。纠错的一个关键方案就是减少流程中每个步骤的选项数(图11.8)。通过减少可供选择的可能性数量,我们就降低了局部的复杂度,降低了对系统的需求,也随之降低了出现错误的概率。

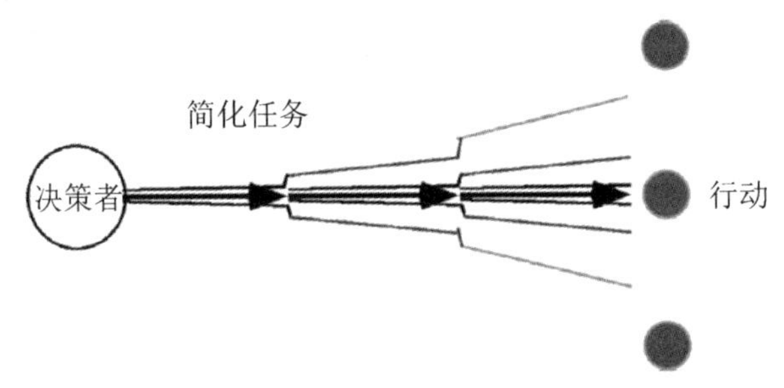

图11.8　通过降低选项数来简化任务,从而减少错误,在图中表现为象征有效行动的圆圈数减少了。如果执行任务所需的选项数较少,本方案可行。否则,方案中需要引入专业化

有两种方式来降低个人所要应对的复杂度。第一种是直接减少整个系统所能执行的行动数量,于是每个人要处理的可能性数量也随之降低;第二种是将大量的可能性选择在多个人之间分配。不管用何种方式来降低局部复杂度,都需要衡量整个系统是否还足够复杂以有效应对其任务。这就是系统效能问题的关键所在:你希望系统能执行高复杂度的任务,与此同时,分到个人头上的局部任务还不能太复杂以避免出错。

减少非必要可能性:标准化

减少可能性始于认识到在实践中,我们并不总需要原则上可以使

用的**所有**可能性。我们在各种形式的标准化中都会看到削减非必要可能性的过程。举例说，过去药剂师需要自己混合各种成分来制作各种形态的药（包括液态溶剂、软膏、粉剂、药片和胶囊）；而现在，药剂师不需要做什么混合和包装的工作了，药都是以标准形式包装好了的。同样，现在很多药对于所有成年人的剂量是一致的，往往是在固定时间每日服用两次。药物的包装方式导致只有少数几个服用方法。这一切改变极大地减少了可能性的集合。只要你能掌控的可能性与治疗所需的可能性相对应，这种复杂性的降低就是个好主意。

总的来说，操作规范也会降低复杂度。只要我们能确定消除的可能性是绝对用不到的、多余的，这也是很好的方法。然而，当人们制定规范时，往往只考虑在“标准流程下”或“平均情况下”，这样制定出的规范并不适用于全部的可能性空间。哪怕是针对标准化的成人用药剂量，都有潜在的问题：同样的剂量在一个体形魁梧的人身上和一个身材矮小的人身上——虽然他们都是成年人——效果会有很大的差别。这就是标准化中固有的危险：降低了执行有效行动所需的复杂度。

自动化提供了标准化和限制可能性的额外方法。举例说，自动化电子处方单系统可以用非常合理的方式来限制可能性。药品可以按作用症状进行组织分类。症状和药品名都需要输入，实际上便强制实行了前文推荐的冗余。然而，一旦输入了药物所对应的症状，下一步能指定的药物范围就可以根据作用症状被自动限制。或者，药物的选择也可以由医生的科室来限制，由医生的名字来限制，甚至由该医生过往的开药记录来限制。通过这种形式的标准化，医生将从数量受限的选项中进行选择。自动化系统可以根据已经录入的信息来筛选后面可供选择的可能性，降低出错的概率。

这种自动化形式的标准化就意味着，（举例来说）一个针对关节炎患者开镇痛药的医生，一旦他已经指明要治疗关节炎，他就无法误开

Cerebyx，而只能开正确的Celebrex。这样的系统如果实施得当，就可以合理地将我们前面描述的以症状冗余信息来识别药物这一流程自动化。然而，不过多地限制医生的独立性也很重要。系统必须提供给医生可以覆盖标准化选项的能力，否则，医生受限的选择就无法应对具体情况下的例外。

标准化不奏效的一个例子就是很多医疗组织使用的常规药物配方系统*。药物配方的设计初衷是限制可用药的种类。当市场上存在大致等效的低成本和高成本药物选项时，这种方法通过将处方限制在低成本药物上来达到省钱的目的。然而，研究表明这种计划适得其反，既增加了开销，还降低了医疗的整体质量[7]。导致这一结果的众多原因包括：医生需要额外的行政手续来获得对特殊用药的批准，不得不使用需要后续进一步治疗的"次优疗法"，等等。

药剂师的任务和专业化

要了解为何解决前文所述的沟通渠道问题并不足以全面消除错误，就很有必要加深对任务复杂度的了解。让我们拿出应对沟通渠道问题的解决方案的最好例子：以冗余法来写药物名称和作用症状。这看上去是解决沟通渠道问题非常棒的一个法子，或许真能解决开处方中的问题。

然而这个解决方案的整体效果是有局限的。让我们考虑接收到处方的药剂师。前面章节中我们提到人们可以把不同类的信息分到大脑不同区域，以完成组合状态，而这种组合状态既是创造力的基石，又是错误的温床。药剂师完全有可能看着处方单上的"Celebrex；癫痫"而察

---

*配方系统是一个用多学科方式来指导医疗组织为患者提供药物的系统。它包括该组织针对不同状况使用的首选药物和相关产品的列表。——译者

觉不到问题。因为信息的分离,他的大脑可能看不出其中的不兼容。

目前这种情况发生的风险还不算高,但有必要认识到一旦药物处方单的复杂度高到一个程度,这就可能变成一个大问题。随着药物名称数量的增加,复杂度也在上升,以至有足够多药物名和症状名的组合以制造混淆。同时我们需要意识到我们所说的这种信息分离是因人而异的。因此选择天生(或经过有效的习惯培养)擅长确保两部分信息兼容性的个体是有可能的。如果有人犯了这个类型的错误,我们可以合理地考虑是否需要进行进一步的培训,或者有其他人更适合这一工作。

即使是对这项工作非常熟练的人,也会受到个体复杂度上限的限制。一旦必要任务超过了这个限度,我们就得换一个方案,将任务分给几个人而非让一人承担。这就是专业化的过程,它包括好几种形式。

第一个方案是将病例按类型分入几个不同的渠道。这样我们就可以限制一个个体最多需要应对多少种病例,以降低其任务复杂度。专业化是一种非常重要且有效的降低复杂度的方法。通过观察通常的医疗分诊系统,我们能更清晰地了解其重要性。

图11.9是一个标准的医疗分诊系统的图解。这一模式并非通用(比如急诊室就不是这么工作的),但仍然很典型。白色圆圈代表初级

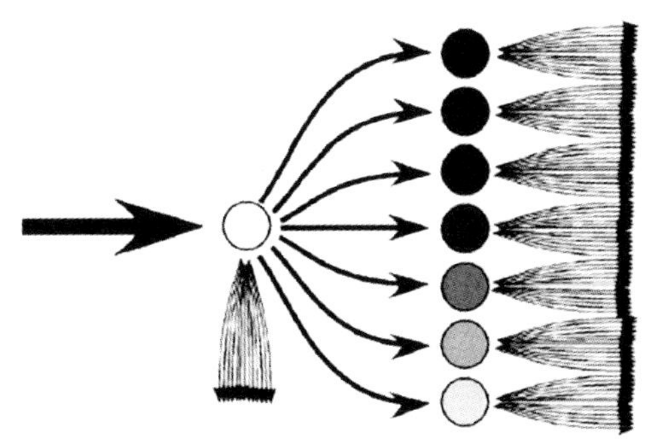

图11.9　医疗分诊系统:初级保健医师*接待所有的患者,进行一些简单判断并将剩下的人转至专科医生,由他们负责进一步决策

* 在中国的医疗系统中,这一步一般由分诊台护士完成。——译者

保健医师，其左侧的黑色粗箭头代表来寻求治疗的众多病患。这些患者有各种症状，初级保健医师并不直接治疗他们，而是将之转至专科医生（图中有阴影的圆圈）。

于是初级保健医师最初要处理极多种类的病情。但是，他的任务仅限于直接处理一部分非常有限的病况，而将剩下的都转至专科医生。专科医生不用应对初级保健医师所面临的复杂度。每个专科医生接收一小部分具有相似或相关病情的患者，这样对这些患者实际治疗过程的复杂度就被大大降低了。这样的结构是很合理的——将所有的患者分开，以至于个体医生需要应对的患者的集合不会太过复杂。同时整个流程仍然具有很高的复杂度，而这是有效医治个体病患所需的。这就是专业化的意义所在。

然而，这个图示并没有完整呈现整个分诊系统。病患们看完专科医生再去哪里？他们通过处方单的形式去找药剂师，即图11.10最右侧的圆圈。这个圆圈也可以代表负责给这些病人用药的护士或负责其他方面的医护人员。

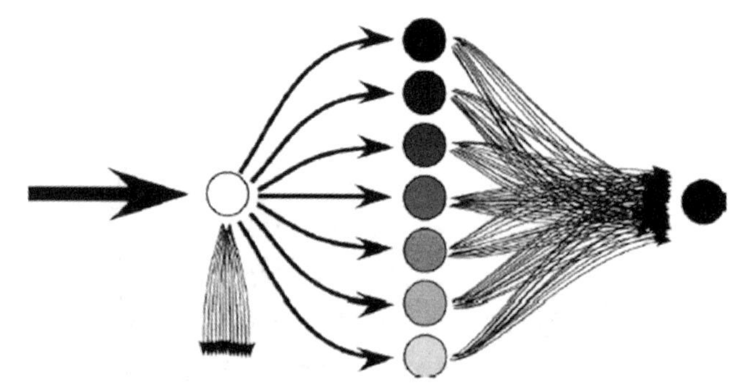

图11.10 所有的专科医生都把患者送到一个药剂师那里配药（有时初级保健医师也负责这个任务，但并未在此图中显示）

这里存在什么问题？为了避免一个医生应对太过复杂的情况，患者们按照科室被分开。现在，他们却又到一起了（在药剂师处或负责给他们用药的护士处）。显然这些患者的需求是不同的，他们每个人面对的治疗大不相同。当然,不是每个病人的所有复杂度都压在了药剂师这里。治疗过程不仅仅涉及药物,各种症状用的药也并非完全不同(比如用相同抗生素来治疗的各类感染)。然而,分诊系统仍然揭示了哪里容易出问题。这一系统的架构通过将患者们分流给不同的专科医生,使流程中的一部分降低了复杂度,却没有在通道的另一端采取相同的手段。于是很显然这个系统最薄弱的环节会是药剂师和护士,因为各种不同的专科医生的治疗都要经他们的手。

这里发生的状况是系统如何去适应不断提高的复杂度的好例子。总的来说,随着我们对治疗各种症状的方法有了更多了解,医疗的复杂度也提升了,因为我们知道了如何针对愈发多样化的病情使用愈发专业化的治疗手段。医生团体通过增加专业化细分程度来应对这一复杂度的提升,但系统的其他部分(例如药剂师)却没有自然的应对方法,于是可以料想系统的问题将主要出在这些环节。

为了让系统更顺利地工作,有必要对系统其他部分也实行专业化。从图11.10看,最有必要进行专业化的是药剂师和护士。现在已经开始有了一定程度的药剂师和护士的专业化运作。护士开始分别专精急救室、重症监护室、麻醉等不同领域。然而,护士的专业化进程却因近年来的财政缩减而有所停滞,尽管护士的任务与此同时变得越来越复杂。问题在于,什么程度的专业化是合适的?毋庸置疑,医生最需要专业化,与此同时,对系统内的其他岗位在工作流程中实行一定程度的专业化应该也是必要的。

在组织的很多层面都能看到专业化的重要性。更高层面的专业化,例如专业化医院、专业化医疗团队,能减少系统内其他从业人员进一步专业化的需求。比方说,我们可以考虑专业化机构,就像儿童医院、肿瘤医院、创伤烧伤中心,其中肿瘤医院的药剂师就会高度专精于针对癌症患者药物的复杂问题。这一类专业化医院的存在就表明专业化知识的重要性,反映了照顾某一特定人群(如儿童)或特定症状(如癌症、创伤和烧伤)的高度复杂性,同时也反映了这一类患者的数量多到需要一个独立机构来接待。针对每种医疗状况都设立专业化医院是没有道理的,一方面因为上述两点并非对所有症状都成立,另一方面因为很多患者具备多种症状。

针对医院层面的专业化,形成不同医疗队是一个可取的策略。一个由医生、护士、药剂师组成的小队可以应对从决定用什么药物,到配药,再到给患者用药的全过程。如果该小队专精于某些种类的疾病,每个人所要应对的不同病况数和各种可能性的数量都会骤降。而且,哪怕同一科室的医生处理病人时也有各自不同的方案和习惯,这就意味着减少每个药剂师或护士需要打交道的医生数量也会降低他们需要应对的复杂度。根据我的同事介绍,在日本,药剂师只和少数几个本地的医生合作。这样的方案(在药的可能种类相同的情况下)自然而然地导致更少的错误,因为每个药剂师面临的可能性大大减少了。

创建这样的专业医疗团队有时并不现实,但仍然有其他方法来简化药剂师的工作。基本理念就是把工作分割得越细越好,形成定义明确且内容不同的子集,增加这些任务(在可能性空间中)的有效距离,哪怕这些任务得由同一名药剂师完成。其中一种做法就是把药房也按照医生专业分科那样划分成不同部分。如果处方单上有标注医生的科室,药剂师就可以去药房与之对应的部分进行配药。

当常规的专业化形式无法应对特定的高复杂度任务时,使用小队的想法也显得很重要。医生小组通过群策群力的方式能应对比个体医生复杂得多的任务。将单个任务分割给多个专家分头执行,他们合起来能应对的可能性是其个体能应对可能性之和;而如果组成专家队伍让他们合作,这时他们能应对的可能性是其个体能应对可能性之乘积。这将是巨大的复杂度提升。当然这也是理想情况,需要他们以互补的方式来工作。但即使他们不具备完美的互补性,通过适当的培训,这样的小队能处理的复杂度也会远超个体分散工作时所能应对的复杂度。

什么程度的专业化和集体行动才合适?并不存在一个放之四海皆准的答案。实际上,每个医院或诊所面对的是独特的患者流。专业化问题也和一个医疗系统需要面对的某个类型的患者数量有关。常规病例应该用精简的方式处理,而另一个极端——罕见病应该被当作特例诊治。针对每一个病例所付出的努力应该随着其症状的稀有程度而提升。于是队伍的组成就要兼顾效率和复杂度两个方面。专业化的设置应该尽量去贴合该医疗系统面临的医疗需求。

我们能寄希望于什么样的成功?

医院显然不可能一下子展开激进的结构和组织调整,并且调整对成本的影响也至关重要。如何渐渐地把一个组织转换成它所应对的复杂任务所需的最佳结构,是这本书的最终话题,我们会在第十五章详细讨论。然而,和开具处方单有关的错误可以更直接地解决,因为它终究是一个沟通渠道的问题,源于多个医生的沟通渠道汇聚到一个药剂师身上。因此,有不少很小也很便于实施的改变可以减少这种错误。通过这些改变我们能期待什么样的成功呢?

2000年,美国国家医学院的报告呼吁提出一个全国目标:在5年内减少50%的医疗错误。很多医生和医疗保健官员,包括那些认为该报告对医疗错误的统计夸大其词的人,都认为这个目标太激进了。确实,直到2004年,医疗错误的减少离这个目标还差之甚远。这目标你听起来怎样?我们就来估算一下在沟通渠道里仅仅通过简单地增加冗余能降低多少错误。

研究表明,医院接收的病人有5%—10%的概率会成为某种危及生命的医疗错误的受害者。一个简单的改变就能大大降低这一概率。如果平均下来每个病人在医院期间要经历10个步骤,那么一个特定的步骤大概有1%的错误率[假设错误是独立的,计算方法是考虑所有流程都没有错误发生的概率——也就是大约0.9,而$0.9 \approx (1-0.01)^{10}$]。假设我们引入某种改进方案(冗余),要医生生成两份处方单,在给病人服药前将两者互相对照。我们假设每个副本上的错误是独立的,于是它们各自拥有一样的错误率。通过增加这一步骤(核查处方单),错误率得平方,于是一个特定步骤的错误率将降到约0.01%,而针对一个病人的整体错误率会降到约0.1%。所以这么一个流程的小变化,就能把病人遭遇医疗错误的概率降低约99%!

这只是一个简单计算,有很多因素都没有考虑。忽略的这些因素有些会让最终错误率进一步降低,有些则会使其提高。比方说,如果一个患者在医院经历的平均步骤数比10更大,错误率的降低就会更多。但如果错误不是彼此独立的,而是由于当事人的疲劳以致无法有效读写,那么错误率会提高。无论如何,这里面的信息都很清楚:一个触及问题实质的很简单的改变也有可能大幅度降低错误率,甚至将错误率降至小得难以察觉。这里的结论非常重要:为了使系统的错误率下降到难以检测到的程度,系统中需要引进的冗余并不算大。为了显著地降低错误率,我们其实并不需要大刀阔斧地修改流程。

政府机构和独立的卫生安全组织都提出了各种建议改变的清单来应对医疗错误。有些医院投入巨大的人力和资金来实施这些建议,对医疗错误发起"联合进攻";另一些医院则囿于实施这些建议时遇到的困难。在建议中,技术和自动化得到了特别的强调。有必要意识到,尽管有些改变能对大多数医院有所帮助,但不同的医院应采取不同的建议。这是因为,患者构成、医生经验和护士项目上的差异,会导致不同的医院在面对相同的任务时的可能性空间也不同,而最有效的纠错方案也因此改变。

尽管纠错方案的选择可能扑朔迷离，合适的方案的效果按此计算却很简单。一家医院需要做的一切，就是挑一两个、甚至三个方案来应对它们遇到的关于沟通渠道的特定问题。这些改变将会带来巨大的效果，而不久之后错误率就会低到难以察觉。这意味着医院可以尝试一些合理的改变并预期它们能带来重大的、显著的作用。在个体医院的层面，5年内错误率降低50%实在是一个很保守的目标。

在美国国家医学院2000年的报告之后，医疗保健领域和监管部门的反应是将精力放在实行有效的改变上，最初就是通过集中化的行动。这一任务令人望而却步，最终也难以成功，原因恰恰在于它的目标是通过建议和程序变更，以更严格的标准来使所有医院变得一致，包括引入标准化的医疗政策、协议以及科技设备，以减少人们对手写和记忆的依赖。并不是说5年减少50%的错误不可行，而是因为医院是高度复杂的系统，有效的改变应该始于在对哪些目标能达到、哪些方法该尝试的正确理解指导下的基层行动。外部强加的标准和规范无法造就一个能够应对复杂医疗需求的多样化的系统。

这样责任就落到了具体医院身上，它们要测试各种新办法并迅速评估。人们也逐渐意识到这一点。在2001年3月，美国国家医学院发布的一份新报告称[8]，医疗保健系统需要通过对系统的“全面重新设计”来改头换面——不是通过给医疗系统强加一个“蓝图”，而是对简单的医疗新原则创造性的应用。作为其鼓励多种有希望的创新途径的一部分，美国国家医学院现在避免给医院指定规范的程序。新的去中心化方案的效果如何还有待观察。去中心化本身并不意味着有效性，而是迈向理解在复杂医疗系统中如何实施改变的一步。激励基层实验将促进在医疗保健中发现新的创造性方案。

结论

尽管在这一章中我们关注的是和开药、配药有关的错误，但其中的基本见解对于诊疗过程中其他的错误也很重要，如设备的误用或故障、错误的诊断等一切和复杂性有关的医疗过失。为了大幅降低错误率，我们必须了解复杂度始于何处，并创造一个具备足够能力应对复杂问题的系统。

运用复杂度和尺度的概念，我们能感受到一个成功的医疗机构应该是什么样子。在一个成功的组织中，信息不再从不同类型的人向同一个人汇集；每一个沟通渠道都足以支撑其信息流；不必要的步骤或被移除，或被自动化；标准化在不限制效能的前提下降低了任务的复杂度；当复杂度不可避免时，可以用系统中的冗余来发现错误；任务的复杂度被分配给多人使其能够被有效执行。更具体地说，由专业化的成员和由其组成的专业化队伍来提供高复杂度的医疗护理，同时由更多独立的队伍来提供更多个性化的全面医疗服务，包括诊断、治疗、出院和后续跟进。这样，以传统的诊断医生专科化的方式来降低的复杂度，可以在护士、技师、药剂师等剩下的护理环节中得以保持。

在这一章我们着重研究了应如何思考并设计医疗服务以及提供服务的队伍。然而，要理解这些系统全部的复杂性是很困难的。相较于设计系统，管理者和政策制定者的主要任务应该是建立一个能让系统自我创造的环境。传统上，这是通过经济竞争的方式来完成的。对于医疗系统而言，我们需要一个不同的途径，我们会在第十五章来描述它。传统的通过分析和指定系统来进行设计和管理的方法并不起作用，管理者和工程师都需要使用一种基于进化的新策略来创造高复杂度的系统。

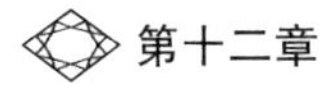

第十二章

教育Ⅰ:学习的复杂性

教育和教育系统

教育系统的目的是什么?在美国,政府的目的是保护个人权利,而公共教育系统的目的往往被认为是通过培养合适的公民来服务国家。为了本书的写作目的,我们将吸纳两种类型的目标:培养孩子,使其能在一个健全的社会中发挥作用;服务孩子,发展其能力并提供自我实现的机会。我们可以合理地认为这两个目标是一致的。毕竟,一个人的自我实现在很大程度上关乎社会给予他/她的认可和奖励(包括但不限于收入)。我们当然也能想象会导致自我实现与服务社会相抵触的系统。但至少在一个我们倡导的系统中,这两者是大体兼容的。

在先前的章节,我们看到了组织逐渐复杂化,导致层级控制不再适用。这意味着社会正在经历或刚经过一个重大的变化。就在不久之前,组织尚不比组成它的人复杂。但今天,组织往往都比个体复杂。这一变化如同工业革命带给社会的变革一样剧烈,甚至有过之而无不及。我们有理由认为,儿童的教育也需要发生剧变以服务于个人和社会。从农业时代到工业时代的转变,伴随着从单间房的学校到我们今天所见学校的转变,而与社会近来发生的改变相对应的类似转变却尚未发生。的确,现在的教育系统仍是工业时代的产物,就像一条生产毕业生的流水线[1]。

流水线的设计旨在生产同一种产品的诸多复制品。但我们仍然知道,工业时代的社会有各式各样的需求,需要各种不同的工人和职业。不仅仅需要能在工业化任务里干活的工人,也需要商人、经理、工程师、医生、律师、科学家等等。假设教育生产线只能产出一种产品,那就不能服务社会。我们认为现行教育制度填充社会所有可能性的方式,是提供各种类别(质量常参差不齐)的教育。质量不一对工业化生产线而言不是什么好事,但对教育系统来说却不尽然。鉴于学校条件的不同和师生的个体差异,教育系统提供的是一种非常随机的、存在巨大差别的教育体验。这种差异性意味着学生接受的教育未必是高质量的,却能导致结果上的不同,而不同的结果最终导致学生能适应于未来不同的社会角色。现在,人们对教育质量非常关切。不幸的是,如今提高教育质量的方式是努力提高教育的一致性,而这和多样化的社会需求直接抵触。如果说工业社会尚需多样化的劳动力,那么当下社会的需求则更加五花八门。我们将讨论另一种改善教育状况的方法,以同时提高教育的质量和多样性。

在我们探讨教育系统整体之前,我们先从个体学生以及个体教师的角度来考虑教育系统。我们的关注点将放在社会复杂度渐增的意义上。如果随着社会越来越复杂,课堂也变得越来越复杂,那么老师和学生终将面对任何个体都无法应对的复杂度。

课堂的复杂度

总的来说,我们在前几章强调的一个重点是:一个人要想成功,其复杂度必须和所在环境的复杂度匹配。既然人是社会的一分子,那么一个人的外部环境就是由社会形成的,正如人体内细胞的外部环境是由人体形成的。个体细胞的外部环境(它在体内通过稳态调节所接触的液体)和人体的外部环境(身体外部的空气和物体)并不相同,正如一个人的外部环境也不是整个社会。随着社会越变越复杂,个体的外部环境不能也变得那么复杂,否则这个人就会被过高的复杂度压得不知所措。为了个体和社会都好,个体的外部环境复杂度必须低于整个社会或社会环境的复杂度。

课堂是一个人们创造的人工环境。如同我们创造的其他环境,一个亟待回答的问题是:这个环境的复杂度是否和环境中个体——也就是学生和老师——的复杂度相匹配。太简单或太复杂的环境都不好。环境太简单了,其中的人们在短期内会乏味无聊,而长期下去会导致能力的下降,这是一种令人麻木的感官剥夺效应;反过来说,如果环境太复杂了,其中的人们短期内会困惑不安,长期下去会在应对挑战时以各种方式失败。过度复杂的环境是一种过度刺激,并最终导向失败,就像尝试去玩一个难得毫无道理可言的电子游戏。

举例来说,在护理学教授戴维森(Alice Davidson)所做的关于老年人家庭环境的研究中就能观察到这一现象[2]。尽管整饬很重要,因为这样他们才能了解自己的环境而不至于晕头转向,但事实证明老年人所处的环境不能过于简单。适度的挑战和刺激能让老年人的身心功能得到训练,进而刺激神经肌肉系统的维护和发展,维持身体的活跃度和神志的清晰。

在戴维森的研究中,通过估算由家中物件(钟表、窗户、相片、书等)及其各种摆放位置可能导致的视觉上有差异的环境(系统的状态)数量,将老年人的居住环境的复杂度进行量化。结果显示,在更复杂的环境中生活的老年人表现出了更好的认知功能和自主活动中更严格的昼夜节律。因此研究总结认为,老年人的生活环境应该提供足够复杂的刺激。老年人力所能及但需要付出努力的复杂性、挑战、环境变化,会刺激年老的大脑和身体来保持神经元、肌肉纤维和其他组织的机能。

类似地,课堂环境中的信息对学生也是一种挑战。向高度复杂社会的过渡也意味着来自过度复杂环境的威胁与日俱增。这一威胁不单单来自课堂本身,也来自学生们的整个外部生活环境,包括电视、互联网、课外活动等带来的巨大信息流和高要求。我们在此处关心的不是这些媒介对学生的直接影响是好是坏,而是它们会带来多大的信息流——也就是可能性数量。讽刺的是,在某些情况下,环境潜在的高复杂度反而让老师过度反应,从而创造出过简的环境。过度简化的倾向将使环境不能对学生产生足够的刺激和挑战。故事中常出现的因为无聊而成为问题少年的孩子就和这一点息息相关。

随着我们进一步讨论教育系统,我们会关注到具体学生之间的差异。最终我们该认识到,对于一个复杂社会,个体之间的差异远比在工业时代更宝贵。这意味着教育必须发展个体能力并实现专业化。幸运的是,因为其带来的对个体福祉的更多关照和对通过发展独特的技能完成自我实现的更多重视,这对于个体学生而言是一个积极发展。对于这一章针对课堂复杂性的讨论,我们要意识到学生间的个体差异意味着学生感知到的复杂度也存在差异。这意味着我们会发现,在同一个教室里,有些人觉得环境过于复杂,而另一些人觉得环境过于简单。

不断增长的复杂度

随着时间推移,教育系统整体的发展趋势是对学生提出更高的要求。这不是说随着某一个孩子的成长,对他的要求越来越高,尽管这也绝对属实。更重要的是,注意到对特定一个年龄段孩子的要求也随着时间推移产生了很大的改变。学生们在接受教育的特定阶段所学习的材料总量,以及期待他们应用的学习方法的数量都增加了。

有几种因素组成了当今课堂环境的复杂度,其中包括很多改进教育系统的善意的努力。每一种努力单独来看都可能是个好主意。然而,它们往往增加了学生面对的可能性,使教育更加复杂化。为了从这些创新中获益,我们必须意识到儿童复杂度的界限,这样才能避免把儿童置于一个他们无法有效应对的环境。我们在下面的小节中讨论三种教育中的创新趋势,它们自然而然地导致了课堂复杂度的提升。这些趋势包括用创新方法将进阶内容教给更小的孩子,整合课程,以及引入新方法来区分个体学习差异。

在更小的年纪引入新的学习内容

第一个增加了复杂度的是给更小的孩子在教育中增加新的学习内容的总体趋势,通常是通过找到新方法来教授原本给年龄更大的孩子准备的材料。我们总在试图用各种方式把大学的内容带到高中来教,甚至带进小学。比方说,曾经集合论还是只在大学阶段教授的高度抽象的课题,现在学生一进入小学就学。这是数学教学大纲剧烈变化中的一环:从只关注加减法,到包含集合、对称、模式、逻辑、抽象思考和应用题。我们常常发现只要一点巧思,就总能找到办法把内容教给越来越小的孩子。

相伴的是课本内容不停增加的趋势。人们有各式各样的理由来给孩子的教育做加法。教育界的人们经常相信,最重要的贡献是让孩子学得更多,而这种信念当然很高尚;拥有专业知识的人经常相信这些专业知识是宝贵的,因此应该教给孩子;出版商想卖出新书,而增添内容是有效的营销手法中的重要方面。新内容是出版商出书的好理由。如果宣传语是“我们从上一版中删除了内容”,那么还能卖出多少本?然而,如果考虑到孩子学习能力的限度,真正的问题就应是该删什么,而不是该添什么。

整合式学习

第二个增加了课堂复杂度的趋势是整合式学习的引入。这一方法有一些特点和复杂系统的观念高度一致。在更传统的教学中，课程之间是完全分开的，比方说英语、数学、社会和科学都是分别教授的。和其他任何一种形式的分解一样，将学科分开忽略了学科间的联系，以及这些学科在现实生活中的种种共同作用。学习它们彼此关联的种种方式像是个很合理的复杂系统方案。一种策略是将各学科两两建立一些综合；另一种策略是通过学习涉及它们所有内容的学科，来实现更广义的整合。然而我们通过考虑人脑中的模式和划分，知道了细分和隔离也有其优势。理想情况下，我们需要理解细分和整合之间的取舍以达到正确的平衡，而这种平衡的重要性并不广为人知。当我们要求每个学生去学习整合式课程表中的方方面面，我们就在急剧地提升复杂度。

既然大脑的细分展现了隔离和整合间平衡的重要性，或许类比能提供更简单的解释。想想房子是怎么被分成往往有专门用途的区域的：卧室、卫生间、厨房、起居室、饭厅。虽然整个房子通过这些房间相互关联的方式进行了整合，但房间的分隔仍有关键优势。这一优势既源于这些房间为实现其功能而采取的不同设计方式，也源于几个人为不同目的使用不同房间以及彼此互动的可能性。有时，人们会把某些房间合并，比如起居室和饭厅，这种合并可能适合特定的生活方式和个人品位。更广泛地说，尽管将房间整合进一套房屋中很重要，但过度整合（把它们都变成同一个房间的不同部分）会导致效能的损失。两者的平衡很重要。如今在工程学中也有将之前分开的部件整合起来的趋势。这种整合经常导致工程项目复杂度的巨大提升，而很多这样的项目都失败了。我们会在第十五章讨论这一点。

在教学中，一些经常配对的科目包括数学和英语、社会和英语、社会和科学。先来看数学和英语这一对。数学教学大纲的一大创新是通过英语来教数学。这一改变的一些动力源自SAT(美国学术性向测验)这样的标准化考试,而应用题是其中一大内容。为了让学生们在这个考试中取得好成绩,老师更密集地教授应用题。多年以来,应用题教学一路下放,已常常是一年级数学的一个中心部分,其基本目标就是整合用英语思考和用数学思考的能力。

为什么这值得关切?将英语和数学这样的学科分开是一种和细分思想相关的简单化策略:一开始分开地思考那些彼此独立的事物,之后再把它们连接起来。这意味着学生可以穷其大脑一部分的能力,比如说用于英语课或和英语更相关的那部分,而对后面数学课上要教的内容还有余力学习。每一门课大体上影响大脑中不同的区域。这也是学生每天要学多个不同科目的原因之一,而不是一整天都在学英语,另一天都在学数学。每天只学一门学科会导致大脑的超负荷,造成学生注意力涣散,无法集中于所学内容。

大脑的细分是其有效工作的一个基本策略。它使我们能以各种方式来结合各部分,而不用去教授每一种组合方式。相似地,传统中对数学和英语的分科实际上是一种非常聪明的方式,使学生可以学习相对不同的思维方式而不至于出现超负荷。学生分别学习了两门学科后,仍然可以再将它们结合在一起(比方说通过大脑不同分区间的连接)。

这种分隔方法并非无懈可击,但在儿童发展早期进行整合式学习的潜在利弊并未得到足够认识。在早期将这些学科联结导致这些不同的思维方式结合更紧密了(整合了)。这看起来是个好主意,但其实它没有充分利用大脑分区以及各种能力组合的天然优势。这可能导致学习能力的损失,而非教育上的获益。毫无疑问,如果学校尝试以各种可能的组合方式来教授科目,会导致学习的复杂性提高。学科间有非常多的方式可以组合并整合，这就意味着存在很多的可能性以及相对应的高复杂度。应用得当的话，整合式教学能成为孩子教育的一个重要组成部分，让孩子们看到不同学科间的关联和种种可能的组合方式。同时，整合式教学也会让这些学科和孩子们所处的环境发生联系，让他们认识到真实世界并不能齐齐整整地划分进不同学科。这里的关键点是，整合式学习是个好主意，但在过早的年龄进行这种整合可能把孩子们过多地暴露在这个世界的复杂性之下。

通过英语来教授数学背后的一个主要动机是因为数学很难，而通过英语来教，我们可以让更多的孩子来学数学。然而通过前面的讨论，我们看到这种方案实则阻止了学生们有效学习。提倡整合式学习的另一动机在于，很多人认为应用题反映了真实世界的运作方式。根据这个观点，我们解决问题都始于用文字来描述这一问题，然后必须再转化成数学语言来解决。然而，对这一情况更好的看法是数学和英语是不同的语言，我们可以从任一个开始。建立一个世界的数学描述和建立它的英语描述是独立的，它们是用来思考世界的不同方式。

当然，个体差异影响了对具体学生而言哪种学习模式最有效。除此之外，对教育方法的研究总存在问题，因为你无法独立地针对学生、教学方法和学校来评估教学内容（标准的双盲实验在这里不奏效）。很多对于评估方法而言非常关键的问题因学生的个体差异而难以得到答案，例如：如果你用不同的方式来教同一个孩子，结果会怎样？人们根据自己对教育原则的信念来进行教学，而关于哪种教学方法更好的辩论从未停歇。通常情况下，最后的“胜者”（至少对教科书出版商而言的胜者）更多是基于政策而非科学依据。

针对整合式学习存在另一种能够限制个体复杂度的方案，就是整合项目（integrated projects）。在单个项目内，每个孩子可以用不同的方法来解决问题的不同方面。这样一种对科目学习区别化的方案并不保证每个孩子和其他人学得一样,也不保证每个孩子能学到各种学习方式。然而,它能提供区别化和个体专精化,以及小组合作学习。一起完成整合项目可能是个很好的主意,因为这既能使学生感觉兴奋,又反映了我们所处世界的复杂性。这种整合方案和标准的整合学科大为不同,后者要求所有的孩子都需要学习整合内容的各个方面。

聚焦个人学习风格

第三个创新——对学习风格的关注,可以被认为是认识个体差异并增进教育个性化的关键一步。其中一种是按照学习感觉模式(learning modalities)来区分人们的学习方式:视觉、听觉、动觉。

尽管孩子们通常可以用各种方式学习,并且可以在不同时间采取不同的学习方式,但有人提出,每个孩子都有其最适合的某个学习感觉模式。或许有人会认为,传统的学校教学系统更关注视觉学习,其次是听觉,然后才是微乎其微的动觉学习。因此,那些适合动觉学习的孩子没有被学校好好对待。现有系统将视觉学习者视为成功者,动觉学习者视为失败者,而听觉学习者位于两者之间。有人进而提出,如果存在不同的学习感觉模式,我们应该针对不同的学生用不同的感觉模式教学。然而,老师们采取的不是对不同个体应用不同的模式来教学,而是让每个学生都通过所有的模式来学习。这种方式发展到极限,将导致孩子们把相同的内容学三遍。假设我们接受每个孩子擅长一种学习感觉模式而在另两种上有弱势的观点,当我们基于孩子们三种模式接受的所有教育来衡量他们的成绩时,我们将发现不是每个孩子都会成功,甚至所有的孩子在大多数情况下都是失败的。当然,可以说每个孩子迟早应该通过每一种感官模式学习。但是,不管怎么实施,一旦我们认清不同的感觉模式及其对应教学的差别,我们就大大增加了教育和学习中的可能性,并增加了复杂度。

视觉、听觉、动觉学习模式的差异是学习中个体差异的一个例子。关于个体差异的其他研究还描述了分析能力、创新能力和实践能力间的差别[3]，以及数理逻辑能力、语言能力、音乐能力、空间能力、身体动觉能力、人际能力、内省能力和自然能力之间的区别[4]。因此学习同样的信息有各种方式(学习不同信息更是如此)，有些孩子更适合用某种方式而不是其他方式学习。核心问题是，认识到对每个孩子而言——对老师也是同样——增加学习的方法就会增加学习的总体复杂度。

复杂度不匹配的"症状"

上述三种创新(引入更多超前学习的内容;混合学习模式并整合学科，使其结合在一起而不是相互分隔;应用更多不同的教学方式)合起来，大大增加了学生需要进行的学习的复杂度。需要强调的是，这每一种创新自身都是很好的想法，都应该作为优秀的教育过程和教育系统的一部分。然而，如果以要求所有学生通过所有方式学习的形式来实施这些创新，那么就必须考虑整体增加的复杂度。正如前面章节反复强调的，儿童个体能够应对的复杂度是有限的。如果超越了这个限度，就会得不偿失。要解决这一复杂度问题，就必须决定孩子们需要学什么。这对于教育问题和教育改革而言是最重要的。孩子们可以被教会很多不同的东西，但这并不表示他们应该被教会所有这些东西!

如果一个孩子在给定时间内能学的东西存在上限，而我们已经达到了这个上限，我们会发现什么?我们会发现孩子们受到超负荷的困扰。这种超负荷并非在所有孩子身上的表现形式都一样。尽管那些受此影响最大的孩子也未必表现出相同的"症状"，但仍存在一些常见的特点。如果提供的信息超过了个体吸收知识的限度，个体会以忽视、拒绝、无效响应等方法来抵制信息。随着整体复杂度的上升，我们应该寻找在同一时期内(也就是近几十年中)急剧增加了的问题。此外,我们也应寻找似乎和任何特定情况或常规定义的外部原因都没关系的问题,因为复杂性并不存在于特定事物中,而在于所发生的事的多样性中。近年来对注意力问题关注的增长不像是个巧合,这里的注意力问题即注意缺陷障碍(ADD)和注意缺陷多动障碍(ADHD)。注意力问题指的是无法长期保持注意力聚焦,也就是关注当下事物的能力受损。"注意力障碍"听上去很能表现当环境变得过于复杂时会发生的状况,尤其是当接收的信息总量超越了个体所能应对时。注意力问题并不是儿童专属,成年人也有各种通过不关注来规避信息过载的方法,从选择性聆听到更全面的注意力阻断。如果这成为儿童和世界相关联的一种常见模式,我们的确应该关切。这里的讨论意味着我们应该评估儿童所处环境的复杂度来理解这一症状,而不仅是检查这个儿童。

这个非正式讨论意味着,如果课堂的复杂度对教育而言是一个重要因素,如果它对孩子可能会有负面作用,那么解决方案就是简化这个环境。移除什么并不重要,重要的是需要移除一些东西。或许存在一些理由来选择移除特定的东西,但从复杂度的角度而言这个选择并不重要[5]。

降低总体复杂度有两种主要方法,都涉及限制儿童感受到的环境种类。第一种方法是选择一个所有孩子都要学习的知识的小集合。第二种方法是限制给每个孩子提供的信息总量,但给每个孩子提供什么信息因人而异。这让孩子们得以专精化。这里的专精化和我们已经讨论过的其他组织问题类似。难点在于让整个组织足够复杂,同时让每个个体在一个足够简单的环境中运作,这样他才能有效行动。既然教什么存在不同选择,不同的老师有不同的选择就很合理。这是迈向思考差异化在学校系统发挥作用的重要一步。差异化可以服务于一个需要多种类专业个体的复杂社会,因为整个社会比任何个体都要复杂。

孩子需要学习的信息总量和老师在教学中需要应对的复杂度相关。对于老师,课堂也可能过于复杂。在很多学校系统中,早在五六年级就出现自此越来越显著的教师科目专门化(典型的分法是数学、英语、科学和社会),这就是老师大概在这个层次达到了个人复杂度极限的证据。专门化,或者说对专门化的需求,一直是复杂性的一个明确表征。个体老师的复杂性,一如任何一个人类,存在极限。这就意味着当超过一个限度后,他们将不够复杂,无法再教学生什么。在培训老师学习新教学法或新课程时的困难中我们也能看到这一点。这一点在和感到筋疲力尽的老师的交流中最为明显,那些感慨自己工作复杂性的老师以及那些离职去做低复杂度工作的老师,也表达了类似想法。

很显然,随着整个社会知识的积累,随着技能种类的提升,出现了一种提升儿童所处环境复杂度的趋势(无论在课堂内或课堂外)。然而相反的危险,即过度简单化的危险,也持续存在。在一些情况下,当老师针对所处环境渐增的复杂度进行自我调整时,他们完全可能反应过度,并创造了对儿童而言过度简单的环境。

简单的环境导致乏味。我们用乏味来描述情感反应。长期下来,认知上的影响会导致个体的能力丧失和个体反应的简单化、低智化。讽刺的是,从以生产线为模型的教育系统的角度来说,这种结果是正面的。因为通过让孩子的能力更统一,它使后续的教育更容易了。从个体的角度,或者从当前高度复杂并多元化的社会角度,这是一种倒退,因为社会的效能取决于大量多元而有能力的个体的存在。还可能有其他后果,比如说乏味会导致"发泄"。发泄是针对乏味的一种自然又直接的反应,是一种试图增加刺激和环境复杂度的方式。

本章直到这里,讨论了课堂以及不受孩子控制的背景环境。总的来说，人们对所处环境有一定的控制力，并倾向于用这种控制力来使环境更适合自身。在这方面，需要意识到课堂和教育系统通常都是一种强制性环境。这意味着这种环境是强加到孩子身上的，而不允许他们进行选择或改造。从本质上来说，我们根据孩子们对这一强制性环境的适应力来评判他们。从更广的视角来看，当一个孩子发现自己身处一个不适合自己的环境时，他自然的反应是改变这个环境。孩子因过度复杂的环境而不知所措，是因为他在应对环境时面临挑战，这一类反应虽然较少，但它是可能发生的。当孩子觉得所处环境太简单时，他自然的反应显而易见：尝试把环境弄得更有意思、更刺激——俗称“破坏性行为”。因此，课堂上的破坏性行为实则是对强制性环境很合理的反应。如果成年人被要求成天待在一个乏味的环境中，而没有选择的余地，他也很有可能会试图破坏这一环境。我们常把顽皮的孩子视为聪明的孩子，这不是一个偶然。当然，要脱离这一环境、要去其他地方，也是对这种情况的自然反应。教育系统对这种行为的反应可以直接衡量系统的强制性本质。

我们很有必要认识到，个体存在差异就意味着同一个课堂里的一个孩子可能觉得太过复杂，而另一个孩子可能觉得简单乏味。这些个体能力也会随科目不同以及教学风格的变化而不同。老师该如何应对这种情况？老师们经常基于自己的哲学理念来布置课堂活动。通常这一方法都是“包含每个人”——一种过度简化以取悦大众的方法，这使那些学有余力的孩子感到乏味并产生破坏性。其他情况下，方法是“挑战全班”，以最佳学生作为标杆，然后提升那些在特定学科或特定方法上能力差得不远的学生，但这让剩下的学生开小差并不知所措。鲜有老师能创造一个教学环境以适应课堂中学生们能力上和学习方法上的种种不同。这很好理解，做到这一点对老师而言复杂度太高了。老师可以学习如何设计能更好适应学生间个体差异的课堂互动和教学项目。不过,很显然我们还必须在其他地方来寻找解决这个问题的最终方法,这也许要通过改变教育系统的总体结构来实现。

这一难题的解决方案和我们面对的教育系统的其他问题相关联。因此,我们需要使讨论回到教育系统层面并考虑教育改革这一概念,这样我们才能最终解决老师和学生们该怎么做的问题。确实,分别从组织的局部和全局的角度来观察系统,才和复杂系统科学里多层面、多尺度的方法论是一致的。

第十三章

教育Ⅱ:教育系统

教育危机

教育系统中的危机正在(或许已经)变得和医疗系统一样严重。我们可以用分析医疗系统的方法来应对教育系统的问题。两者有相似也有不同,但主要结论基本相同。现在,我们使用的方法适用于大规模、高冗余的系统。然而,它并不适合应对当下这样一个复杂的系统。结果可能会是灾难性的。是因为这样的方法在医疗系统中大放异彩,于是我们要在教育系统中复制这样的成功吗?人们花了20年时间才意识到医疗系统的发展与初衷南辕北辙,而对于教育来说反馈来得要缓慢得多。我们得等孩子们长大成人并变成社会的一分子之后,才能真正衡量自己对他们的教育进行得好不好。因此,很长一段时间内,我们都难以从自己的错误中吸取教训。这种情况下,有能力在复杂系统的总体原则下从军事或医疗系统中吸取经验就格外有帮助。

在这一章,我们通过从复杂系统的角度考虑教育系统是如何组织的,来开展针对系统本身的讨论。然后我们再探讨这个系统的问题。尽管普遍认为问题存在,但我们发现问题被误解了,于是导致了错误的应对方法。很多人对问题的评估和提出的解决方案都基于对“儿童需要学习什么”这一问题的大规模且统一的回答之上。于是,他们追寻的解决方案会导致人群更加同质化。相比之下,我们认定的问题是不同的。我们推荐的基于复杂系统观念而改进教育系统的方法,会导向更加多样化的个体能力。这对于需要人才来填充多样化岗位以促进创新的社会,以及因此能发展其兴趣和才干的个人,都是更好的方法。

教育系统组织

我们注意到的第一件事就是,教育系统是高度分散化的,并且相互关联很弱。从我访问学校的经验来看,可以很肯定地说,在很多学校中,一个教室中发生的事和另一个教室中发生的事几乎没什么关系,哪怕它就在隔壁。当一个教室中发生了剧变,例如说进行了老师的替换,这对另一个教室产生的影响可谓微乎其微。另外,学校的各个课堂看上去也非常不同。如果考虑到不同学校教学活动的不同,这一差异就更显著了。比方说,一个学校的老师常常并不知道另一个学校所发生的事情,哪怕它们同处一个区。

然而在不同课堂的教学中,我们常常使用相同的教材、贯彻相同的教学风格,并依照相同的准则规定孩子们该学什么。我们需要把这种间接施加的统一性和关联性区分开。是否具有关联性取决于下面这个问题的答案:当一个地方发生变化时,会不会影响到另一个?在学校系统中,通常来说不会。因此,由外力施加的共性,比如和老师的教育相关的共性,并不代表着强烈的关联性。

正如我们已多次讨论的那样,在系统功能需要依赖时关联性很有用,否则非必要的关联会阻碍系统的效能。诚然,我们只要说到复杂系统,就会想到关联性。于是从某种程度上,你会认为这里的独立性意味着我们不应该把教育系统当作复杂系统来看。然而,正是因为人们倾向于认为整个教育是一个系统而不认为课堂是组织的基本单位,从复杂系统的角度来说,这种关联的缺失才这么重要。因此当我们把教育系统当作一个整体来思考时,不要忘了每个课堂之间是大体独立的。

从复杂度曲线的角度来说,课堂间相似的方面产生了大尺度的统一行为,而课堂的独立性意味着系统行为中很重大的一些方面是小尺度的、局部的。这并非偶然。为什么会这样?教育系统这样组织是因为其任务的很多关键方面就是小尺度和局部的。具体地说,教育系统中复杂度最高的任务就是具体的老师和每个学生个体之间的教育关系。很多人将教育视为老师为学生提供一组信息的过程。若真是如此,那么老师本可以为更多学生提供同一组信息。然而我们已经知道,教学质量会随着课堂人数的提高而急剧下降,尤其是人数超过20人以后。这就是老师和学生之间个体关系重要性的一个体现。通过研究课堂活动的动力学,我们还能理解很多其他的迹象。在课堂中老师和学生间的互动是高度复杂的,涉及这位老师的特质和每一名学生的特质。

学校系统任务的复杂性同样来源于它的职责,它需要让学生们为我们所处的复杂世界做好准备。不同职业的差异要求了技能的多样性。随着社会复杂性的提升,教育的复杂性也必须随之提升。如果我们接受了"教育的任务是复杂的"这一观念,我们就能明白为何不同教室中课堂活动之间的强烈依赖不是个好主意,以及为何教育系统是这么设计的。

然而,让课堂之间和学校之间大体独立仍存在隐患,这将导致提供的教育质量差异巨大。不同课堂间缺乏关联性的自然后果就是质量参差不齐。这看上去不像是个很有效的系统。在我们直接应对这些问题之前,我们先看看那些关注教育系统的人对这些问题怎么说,并进一步完善我们自己的见解。

找到问题

美国教育系统到了该提升的时候了，这已是广泛的共识。有益的下一步在于仔细思考问题所在，并找到其在系统中的源头。同时也要认识到现存教育系统的成功所在，这样才不会在摈弃缺点时也抛却优点。

对教育系统的很多担忧，是在担忧全球竞争中美国经济效能的背景下提出的。1983年，美国国家卓越教育委员会发布了名为《危机中的国家》(*A Nation at Risk*)的报告，可谓是一篇面临全球挑战时号召美国改善教育系统的檄文。他们表示："我们的国家正处于危机之中。我们一度在经济、工业、科学和技术创新上无可匹敌的优势正在被世界各国的竞争者们取代。"[1]

尽管有这些严重的警告，美国的经济仍被视为国际经济的主要推动力——美国国内生产总值在2004年大约是11万亿美元，占据当年约51万亿美元的全球经济总量的1/5以上。同时，美国的人口只是全球人口的4.6%，不到1/20。以人均国内生产总值计算，美国在全球仅次于卢森堡[2]。

然而，根据同时期标准化数学和科学测试的结果(具体地说，是根据"第三次国际数学与科学研究"，简称TIMSS)，美国被很多国家甩在了后面[3]。对于高中毕业的学生来讲，多年来这个结果每况愈下。美国的平均分显著地低于参与测试的其他国家的加权平均值。

如果我们以这些分数来预示未来的成功，这看上去就很矛盾：我们已经多年低分了，然而经济还很强劲。我们该怎么解读这一矛盾局面？这是说数学和科学与经济成功毫无关系吗？还是说有反向关系？这看上去当然不合理。于是我们的结论是不应该担忧我们的教育系统吗？这也没有道理。但考虑到刚才的证据，也不能仅仅因为这些考试的低分就得出结论，说我们的教育系统存在问题。

抛开这些解释，我想指出，这是源于对复杂系统而言至关重要的一个指标：其成员的多样性。当整个系统高度多元化的时候，它就擅长应对复杂挑战。在当代的经济、技术和企业创新领域内，我们都明白这一道理。尽管一个标准化的数学和科学教育自有其好处，但当人们用不同的方法来使用它们时才更有可能产生创新。经济的发展源自当人们探索做事情的各种不同方法时产生的创新，而当人们以各种不同方法来学习而非一种时，这种差异化就自然出现了。

除此之外，在现代经济里数学或科学显然不是唯一重要的技能。举例来说，成功建立一家有效运作的公司需要的很多技能就无法在数学或科学课中学到。我们首先可以观察到，计算机编程就不在任何经典课表中，同样找不到的还有工程与管理基础。最好的程序员是那些在标准化数学、科学考试中得分最高的人吗？这还很不明晰。最好的网页设计者是这些考试的最高分获得者吗？这就更难以看出两者的联系了。企业高管、经理、演员、音乐家、运动员，他们在这种考试中表现如何？为防止有人质疑后面这些职业的经济重要性，我们最好不要忘记，电影、音乐、体育占美国出口产品的很大一部分，它们为这个国家的经济活动作出了重要的贡献[4]。

确实，看上去鲜有哪个高薪职业是通过不断上数学课来磨炼其职业技能的。我们可以将这个问题推进一步。如果科学和数学是效能和成功的关键，那么关于成功的一本畅销书中，比如科维（Stephen Covey）的《高效能人士的七个习惯》（*Seven Habits of Highly Effective People*）[5]，就应该大篇幅地包含科学和数学的问题以让读者有效应对周遭世界，但事实并非如此。当然，你现在正在看的这本书讲的是用于现实世界的科学观念，但这显然不是常态，并且这里讨论的科学与常规的高中数学和科学课程中出现的科学相比，其性质也并不一样。常规的生物学、化学和物理学似乎并不需要大众的持续研究，除非它们是专门针对某种特定职业的，例如医师可能会研究特定的生物学问题。

作为一个写过充满公式的高阶教科书的作者，我会非常欣喜于更多的学生能理解高阶数学。但是，我认为每个人都应该知道这些数学吗？绝不是！这本书是关于一些在现实世界中有广泛应用的思想，我认为每个人都应该知道这些思想吗？也不是。人们在这个世界上能做和所做之事形形色色，而为了做好这些事，人们需要了解的知识又林林总总。世界上重要的知识远超个体凭一己之力所能掌握的，而我们最好不要完全掌握相同的知识，因为那样的话我们就无法为世界作出不同的贡献。有什么是人人都应该知道的吗？也许吧，但把这个当作学校的唯一作用绝不是个好主意。

如果我们的学校系统的确迫在眉睫地需要改进，很难说通过创造一批能在TIMSS中获得高分的学生，我们就能认为对学校系统的改造成功了。当今社会需要杰出的教育者、科学家、工程师、经理、物理学家、护士、技术员、心理学家、作家、程序员、律师、士兵、会计师、设计师、艺术家、音乐家、演员、运动员等等。朝着单一目标努力，比方说标准化考试的成功，可能反而降低我们社会的总体效能。

社会效能多样化的重要性还不是全部。我们也得考虑对孩子而言什么最好？怎么样能让教育系统更好地服务于每个孩子？是使他/她适应于一个模子、一个单一的想法，还是给其提供关注和机会，以使其兴趣和特长能得以发展？孩子们之间存在很多不同，拥有不同的技能、个性和渴望。理想化的机会并不意味着每个孩子都得一样。当我们问一个基本问题，例如“某个孩子的满足感如何”时，我们就意识到个体、社会以及其间的互动都很重要。

我们该如何理解现存学校系统下产生的多样性？我们可以认为，多样性是学校之间、老师之间和个体学生之间差异化的结果。这些层面的差异间的互动造就了教育结果的不同。多样性的问题也和参差不齐的教学质量互相纠缠。

我们在哪能看到现存美国学校系统中多样性的建设性作用？很多人自我介绍中的一句话就是这一谜题的关键之一："我的职业生涯源于我的一位老师。"这意味着在一个高度不同的系统中，几乎所有的老师都不是某个学生的伯乐，但只要有一个老师是他的伯乐就足够成功了。于是就有了如何给学生搭配正确的老师这一核心问题。如果每个孩子的伯乐都是同一个人，那就好办了，我们只要找出这个特别优秀的老师，然后只让他教。然而，现实并非如此，因为不同的老师适合于不同的学生。这并不意味着不存在某些老师比其他人适合于更多的学生，但意识到这一差异是重要的。在现行的系统中，老师不同，教学风格不同，而少有标准化，这或许能创造足够的机会让学生们至少能碰上一次对的老师，这样尽管绝大部分的学习只是马马虎虎，但整个系统将是成功的。

学校间的不同导致的差异常常源自社会经济条件和其所处的社区背景特征。教育系统在这一点上存在巨大差距。通常，人们认为郊区的学校比市中心的学校好很多。但是请注意，我们现在说的是质量的差距，而不是针对个别孩子教育的差异。质量的差距未必是我们想象中的那样，但仍然是一种差异。它们反映着美国教育系统在诸多方面存在巨大的差异化，包括教学质量。

学校间的差距，尤其是对于一些低质量的学校，导致了对学校改革的强烈意愿，而这有别于国际测试得分差距的问题。我们的很多学校存在明显的问题。它们提供的教学环境很恶劣：未经维护的校舍，过度拥挤的设施，匮乏的教学设备，弥漫在学生中的酒精、毒品、暴力、犯罪等一系列问题。当然，这不仅是一所学校的特征，更是学校所在环境的一种属性。对于市内学校或更广义上的贫困社区的学校来说，这些典型问题易于发现，却难以解决。的确，有人认为好学校的关键在于社会经济条件,改造社会经济环境比改造学校更重要。然而,好的学校可以提供一条让人们能改善下一代人社会经济状况的途径。因此,尽管环境很重要,但我们仍有理由把重点放在改善教育上,以此来改善整体的社会经济状况。

从社会的角度讲,也可以说(不管是愤世嫉俗地还是脚踏实地地),在工业时代社会中,对于某些学生而言这种贫穷的学校和低质量的教育的存在或许是有益的,因为它需要很大一部分低技能的劳动力。(在这种社会中如果每个人都被培训成了专家会怎样?)但现在,随着我们进入后工业化社会,尽管现在仍然存在大量的低技能服务性职业,但这种教育质量不管对孩子还是对社会而言都不像是个好事。从个体的角度说,显然孩子们没能兑现他们的天赋。

质量上的差距,不管是学校之间的还是课堂之间的,都意味着我们应该担忧教育系统的质量并力图改善。不幸的是,意识到教育系统质量的这些问题后,很多人给出的答案是统一的教育。的确,我们太过重视同其他国家TIMSS考试成绩的比较,以至看不清极端多样性在教育机会中的建设性作用[6]。

此外,教育系统质量也有赖于当地人们有多重视它。当20世纪50年代和60年代婴儿潮一代正在上学时,人们很关注学校。但在他们毕业之后,很多地方在校学生数量持续下降,直到他们的孩子们到了上学年龄。这导致了几十年中教育都不是社会的重点所在。没什么新老师加入;其他领域的工资见涨而老师的工资停滞不前。因而,现在教育系统需要关注就不奇怪了。

然而它需要我们关注的原因,并非在标准化考试中差劲的得分,而是参差的质量。教育系统的问题在于教育质量非常不统一。我们真正想要的是一个处处都高质量、在教学上却有高度差异性的系统。在漫长的12年学习过程中只碰到一个伯乐(何况还有的学生压根碰不到),

这样的比例太低了,绝对谈不上是教育系统的成功。在社会复杂性增加的背景下,这一点尤其明显。在我们呈现一个复杂系统方法创建的高质量、高差异性的教育系统之前,我们先看看现在教育系统改革的方案。

现行教育改革:标准化考试

现代学校系统需要改善已基本成为共识。正如我们前面所言,很多人可能至少在某种程度上搞错了问题所在。然而,更重要的是认识到,现在被广为接受的解决方案——大规模统一教学方案——对于解决这个问题既不足够也不恰当。

目前占主导地位的教育改革方案依赖于通过间接的方法来评估学校,从而引起教育质量的改善。不是对特定学校进行直接评估,而是所有学生都要参加统一的、影响重大的标准化考试。这种方案的思路是,因为学生如果失败会面临严重后果,这就会鼓励老师和校方来提高教育质量以使学生通过考试。这种标准化考试的统一方法很容易让人联想到坦克师的统一行动。如果完全实施了这一方案,我们很快就会看到这个国家所有学生都在同一时间参加同样的考试。这就是典型的一种教育上的大规模统一行为。

有理由相信这样的强有力行为会对学校系统产生影响。然而,基于我们对复杂性的了解,这最终只会让学校以另一种方式辜负学生和社会。一如其他用统一性方法来处理复杂系统的情况,最初人们或许可以看到一些成功的假象。就像美国在越南战争初期以及苏联在阿富汗战争初期取得的成功(如果结合后来的困境来看,美国在伊拉克战争中的成功也是如此)。一开始会有大量的成功:军队高歌猛进,攻城略地。然而随时间推移,这种方式的失败却显而易见。越来越多的士兵在经年累月的大量小规模军事行动中丧生,大量平民伤亡,当地社会无法有效运转。最终,所有军队在巨大的挫折中撤退。这就是应对复杂问题时,大规模行动是如何失败的。刚开始,这种大规模行动貌似很成功并能感受到其影响,但长期下去,它会在细节上一块一块地瓦解。渐渐地,这些碎片堆积出灾难性的失败。因此在教育中,我们可以预期会出现很多成功的迹象,这会让那些标准化考试方法的支持者宣告胜利,并强化他们对自己所做的事情的信念。

标准化测试由来已久。自从于1901年引入,多年来SAT考试都是学生进入大学的主要门槛。然而存在很多方法绕开这个考试,给学生们提供替代选项。没通过的学生也可以选择去职业学校或者不上大学。有些州(比如纽约州)在高中毕业时会进行全州范围内的标准化考试。现在已经有更多的州将标准化考试作为高中毕业的要求,联邦政府也有了新的对年度标准化考试的要求。

标准化考试推动了"应试教育":将教育的范围缩小到只包括考试中会出现的内容,并教授如何应对这些测试。这对参与其中的人是有道理的,因为他们的成功只能通过参加考试来衡量。要评价这是不是一个好主意,我们就得问:参加这种考试真的是衡量学生能力的有效方法吗?它能否预示学生最终在社会中的成功和成就?通过观察社会如何运作,我们会发现,显然人们既不以参加考试为职业,也不因参加考试而获得薪酬。对于想把考试作为成功标准的人,这不是个好征兆。从个体适应的角度看,如果参加考试是我们衡量个人成功和学校成功的唯一方法,久而久之,我们将看到学生和学校所擅长的就只是这个。

系统还会以其他的方式来适应这种衡量成功的方式。那些以学生平均分来接受评估的学校,会想办法阻止差生参加考试,甚至通过把答案透露给学生来进行舞弊[7]。限制入学或者参加考试的学生人数,长久以来都是学校用来提高其学生平均分的做法。只讲授会出现在考试上的那些内容,和直接给学生答案又有多大差异呢?如果我们真正想让学生们知道的就仅仅是考卷上会问的，那么到了考试的时候直接给答案就足够了。

标准化考试背后的动机依赖于假设学校会教给学生们总体上有用的知识，而考试会大体上评估他们的学习效果。这一假设只有在如下条件满足时才成立：

- 存在一个有用的标准知识体系；
- 考试能提供一种公正的检验知识的途径，既包括其内容（考什么）也包括其流程（怎么考）。

具体来说，对考试结果的评估必须是对必要知识的直接衡量。

就算这些条件满足了，仍然很难说让学生们在考试中取得更好的平均成绩就表明教育系统在其目标上更成功了。成功有赖于目标是什么。比方说，就算学生们能学到有用的知识，并且这些知识在考试中被客观地检验了，也不意味着让所有的学生学习一样的信息能让社会有效运作。如果说有效的社会运作是教育系统的目标，那这样的系统将会失败。

很多和标准化考试相关的问题已广为人知。那么为何人们还认为这是个好主意呢？有人相信考试是评估学生的好办法；然而，也有些人是因为不知道还存在其他更好的改善系统的选项。在下一节我们会讨论几个这样的选项。在此之前，我们仍需要考虑这样一个可能性：强加标准化考试并加大其影响的实际动机和人们所宣称的并不一样。

采用标准化考试的一个可能动机是抵抗不同的亚文化的发展。在标准化考试运动之前，美国曾出现发展其他语言（特别是西班牙语）教育项目的运动和在教育中提供更多文化弹性的呼声。尽管美国对个体差异和文化多样性都很宽容，但对两者的忍耐也都有限度。人们强烈相信需要一种共同的语言，需要共同的行为参照系和共同的道德框架。虽然这不意味着人们认为文化的方方面面都应该一致，但人们通常认为,应该有一个共同的基础以使社会系统能运作。确认这个共同基础很难。然而,从社会的角度来说,教育系统的一个关键功能就是提供共同基础。这个文化基础应该包含什么?美国国内针对这个问题存在很多不同的看法,有些看法之间甚至存在强烈的矛盾。

标准化考试没有直接去应对文化这一个复杂主题,它反而促进这样一个观点,认为存在一个所有孩子都应该知道的关键信息和技能的集合。这些知识看上去不是"文化的",因此这一主张更符合政治的胃口。但是,如果这些要求就已占据了大部分在有限时间能学习到的知识,那么教育的统一性就排除了文化和其他种类的多样性。很多人认为共同的文化基础很重要,这是有道理的。文化多样性与共同文化之间合适的平衡的确难以把控。我们在这里要说的不是去衡量合适的平衡,而是标准化会带来严重的问题。

现在基于标准化考试来对教育系统的改革走向了错误的方向。在没有确保更多的好老师的情况下,这种改革反而确保孩子们会有一个更统一的教育,却并没有提供成功的关键:独特的好机遇。这个策略与社会日益复杂的根本方向背道而驰,最终将无法给孩子们提供通过个人能力得以发展的机会。

一旦我们认识到教育系统可以比现在好得多,而现行的改革方法有很大缺陷,我们能怎么去改善它?有很多人关心教育系统并致力发展教什么、怎么教的新想法。从实际的角度出发,课堂间的独立能帮助我们理解为何很多旨在改善教育系统的策略在它们尝试"改革"整个系统时失败了。因为学校系统效能的关键在于个体的学习,干预的努力也需要是局部的。这意味着人们需要把很大的精力投入到特定课堂的局部成功之中。人们期望如果一个地方成功了,这一结果会激励他人采取那个地方的方法。然而,如果课堂间大体独立,这个方法就很难行之有效。对于工作在这个领域内的人以及期望影响整个学校系统的人而言，就会遭受巨大的挫折。

尽管标准化考试仍是现在教育改革的主流方向，但它并不是唯一方向。人们在尝试各种方案，从特许学校*到家庭学校教育。其中有些方法是和复杂系统理念一致的。我们的下一步是考虑复杂系统理念意味着什么。我们对教育高复杂度的理解意味着不存在单一的解决方案，对每个地方或者每个孩子都有不同的正确选择。关键是意识到实现高质量不意味着一定要牺牲多样性。通过使用复杂系统的观念，我们可以找到同时提高质量和多样性的解决方案。

找到解决方案

复杂系统的理念给改进教育系统提供了几条道路。这一解决方案有几点需要强调：对局部干预的需求；以生态位选择取代标准化考试；对教师、学校、学习环境的选择。总的来说，这些方法的动机来自两种认识：个体学生教育的复杂性是一种局部任务；社会的复杂性体现在社会对多样化、专门化知识的依赖，而非依赖于社会中所有个体共有的知识基础。

对局部干预而非全局化干预的需求

行动主义者的口头禅是“全球化思考，本土化行动”，这一原则也能很好地用在复杂系统研究得出的结论中。个体课堂间显著的独立性以及任务的复杂性直接意味着每个地方的情况都是独特的。只有明白课堂的具体环境才能明白如何去改善它。在阿富汗的军事行动解决方案

---

* 美国20世纪90年代基础教育改革中产生的一种新的选择性公立学校。是由特许授权机构(一般为地方教育委员会、州教育委员会)与一些团体、企业和教育工作者、家长和社区领导在内的个人签订合同、互相承诺，承租者拥有办学自主权的一种办学形式。——译者

针对这一点也指明了方向：特种部队。全国各地的学校都存在很多问题。我们需要认识到不同地方的不同问题需要的是局部的、特定的行动。

解决方案是组建特殊的小组——"特种部队"，以发现在不同地方该采取的具体行为。能解决所有问题的方案是不存在的。如果存在，大规模行动就会奏效了。相反，不同地方各有需求：更小的课堂、课后辅导、经济支援、缩减校方人员、哥哥姐姐的帮助、信息技术、创新教育法、修缮或新建校舍、特别兴趣小组、家长和孩子一起接受教育，这些都是其中的例子。如同在复杂环境中的军事行动，大规模的标准化考试会失败，而"特种部队"能取得成功。

成功的多种可能性标准

对于任何基于目标的项目，评估都是重要环节。如果我们在乎教育，我们就得评估自己做得如何。要抛弃标准化考试，并不是说我们应该抛弃所有形式的评估。尽管对教育系统的评估和对儿童发展的评估未必相同，但如果我们要取得进展，就得在这两方面都下功夫。对儿童的评估（或者说广义上的评估）似乎总把人们引向标准化考试的概念。毕竟如果没有标准我们怎么评估？有人提出将个体化评估作为替代，即一种以个体目标（潜能）来衡量其发展状况的评估。这听上去不错，但也有问题。当我们都不知道孩子潜能是什么时，怎么去衡量潜能兑现了多少？显然我们还没发展到能在孩子兑现潜力之前就"预测"出他未来能达到的高度（否则的话，不管是教育还是评估都不存在任何问题了）。并且很不幸，复杂系统原理表明这种预测几乎不可能实现。

我们上哪去找另外的法子？进化提供了一个很好的类比——"生态位选择"。如同前文所述，进化中的竞争以不止一种的形式展开。

成功有很多条途径。想象五花八门的动植物、各种不同的气候条件和生态系统,以及每个生态系统中的不同角色,所有这些都受制于竞争。做好其中一种角色和做好另一种角色之间千差万别。这就像是拥有很多的“标准化考试”,尽管在此处“考试”这一概念太狭隘了,因为存在各种评估和竞争的可能形式。每一种竞争都可以非常严格,但会有很多不同的竞争,而这其实就是社会现状。有很多的职业可供个人选择,但要做好其中任何一种,你都需要表现得非常出色。不管是棒球运动员、篮球运动员还是高尔夫球运动员,你都得在那项运动中出类拔萃。甚至在一种运动之内,有时你也得专精一个位置(比如篮球队中的中锋、得分后卫、教练)而非全部。如果你想当一个商人、医生、律师或者科学家,你自己看这些职业,每个职业里面都有大量不同的“生态位”。建立衡量成功的多种标准当然难于只建立一种标准。然而这和社会现状是相符的,而教育系统就是要让学生准备好去适应这样的社会。如果我们考虑到从农业时代向工业时代转化进程中发生的一切,就会看到对专业化需求的提升。

教育专业化的话题一旦出现,总会有人问:“难道不是有些东西应该人人都知道吗?”也许有些东西每个孩子都应该学。但是,当今关于标准化考试的讨论是关于改善学校的,不是关于什么是每个人都应该知道的。的确很有必要对“什么应该教给所有的学生”进行讨论,并且这中间应该包含前文讨论的共同文化的方面。然而,这种讨论不应该和改善教育系统的努力混为一谈。

可能会有人认为,在教育早期采取标准化考试是有道理的,关键在于何时开始专门化。从历史上来看,专门化开始于高中并且在大学得到进一步细分。多年来我们已经很清楚地看到,很多成功的成年人是在早期时习得了独特技能。对于那些对少数几个“制高点”展开激烈竞争的职业更是如此,比如职业体育或者表演艺术。如果我们能活得更久并能承受一个对人人相同的早期教育，然后再去接受专门化教育，那么更多的标准化或许能奏效。但哪怕是那样也难说。早期教育对于建立大脑的关键连接和流程是很重要的。此外，我们看到各行各业的人们时，都能看到他们拥有的能力和技能的多样性。让人在一个领域成功的那些特质和让人在另一个领域成功的特质截然不同。教育应该给孩子们提供机遇，让他们能在自己擅长的领域内发展成才。这就应该在教学中尽早采取专门化，以适应孩子之间的差异性，包括如何有效学习、什么内容学得快而什么内容需要更多的时间和精力才能学会。从最简单的层次分析，在一个所有孩子以相同速度学习相同内容的统一系统中，进度将取决于学得最慢的孩子。如果孩子们可以以不同的速度学习，那么孩子就可以根据自己情况来，能快则快，该慢则慢，这样所有人的进展都会好于采用统一教学时的情况。由于不同孩子在采用不同教育方法时表现更好，个体化的重要性就更高了。当结果的多样性很重要时，在个体天赋领域内快速进步的有效性就更明显了。

的确，教育标准化是过度简化以迎合大众的方式，它压抑了个体的独特能力以确保所有人在相同阶段都能达到相同的程度。这是针对儿童发展的"大规模生产"。要明白这种方法有多局限，只要记住孩子们之间有多大差异。如果你记不得这一点，就花些时间和孩子们相处吧。对于任何有不止一个孩子的家长，这都无比明显！

教育中的多生态位看上去是怎样的？有多少种方法来对一个孩子在事业成功方面进行效能评价？从常规的标准化考试说起，对几个不同的学科领域，我们可以找出不止一种分数的组合来作为衡量成功的标准。一门考试的好成绩可以用来弥补另一门不好的成绩。每门考试仍然可以设立最低水平线。然而，这个最低水平线将不再是成功的唯一标准。在考虑英语、数学、历史和科学间的平衡时，没有哪种特定的通用方式是唯一的成功途径(相反的极端体现在英语拼词大赛中,这里只用英语拼写这一条能力作为成功的标杆)。当然,我们能够想出其他衡量不同学科来评估成功的方法。增加其他不同但形式仍是标准化的考试,会大大提高评估方式的差异性。

下一步我们将针对"什么构成评估"来开阔视野。比方说,使用限时考试就是个问题。有些职业的成功有赖于快速行动,另一些则有赖于最终做出最好的结果,而并不在意花多长时间。这就意味着除了限时考试,我们还要考虑评估孩子在写作、数学、社会或科学课中完成的作品。这通常称为作品评估。然后,我们也许还要关注影响成功的另外一些不同方面:人际交往技能、情感成熟度、共情能力、目标的有效制定。这都是被称为"情商"的方面[8]。很多人认为这些能力比标准化考试分数更能影响到职业的成功。认为这些能力无法被评估是没道理的。如果其中有些评估方法不能像标准化考试那么"客观",就随它们去吧。仅仅因为标准化考试是客观的,不意味着它就是对成功的有效衡量。当我们把注意力放在这些评估方法上时,必须考虑如何将它们整合在一起,为成功设定标准。如果开发对于成功更广泛的评估方法存在困难,那也的确是正常的。寻找合适的、多样化的标杆来真正衡量孩子们在复杂世界中的效能,这是一个关键的任务,我们需要为此投入大量的努力。

选择的作用

我们还要考虑第二种关键的评估:评估提供给孩子的教育。很多人认为这和评估孩子是一回事——如果孩子做得好,那么学校也教得好。然而,这个表述要成立,就需要我们有方法能够比较接受不同教育的不同孩子,并且孩子们的个人情况还要足够接近,从而能够通过衡量孩子的进步得到的标尺来比较老师、学校或者教育系统。

要评估教育系统,我们可以创造很多标准。其中一种方法是用一些多样化的评估学生的标准来评估教育系统的进程;另一种涉及观察儿童学习中进步的动力学,即形成性评估。两者都和评估学习环境有关。然而,改善教育的主要问题不是评估方法本身,而是选择的可能性。选择是进化过程中促进改变的有力因素。在这里,竞争(比较性评估)有重要的建设性作用。现在,以及多年以来,选择过程在教育系统中几乎没起什么作用。这是教育系统和医疗系统大不一样的地方,也的确就是这两个系统在局部层面存在的问题很不一样的原因。在医疗系统中,除去医疗错误,我们通常并不批判医生以及医患关系,然而在教育系统中,我们常常批判老师、学校和师生关系。这个问题最自然的解决方案——也是最合理的解决方案——就是允许教育系统中存在选择。

你想想,比起一天到晚、一年四季陪伴自己孩子的是哪个老师,家长对于哪个机械师来修他们的车反而有更多选择。如果一个机械师没法完成你的要求,你就换一个修车厂。在孩子的教育过程中你却没有类似的能力。这是教育系统令人惊讶的一个方面。

学校的选择在公立和私立学校的背景下成了一个很政治化的议题。目前美国国内对择校的讨论关注点是公共财政能否被用来支持可能具有宗教成分的私立教育。这可以给家长一种选择权,而我在此建议的选择权更简单但更强大,即在多个类别中(老师、学校等)作出任意多种选择的可能性,哪怕所有的选项都出自公立教育系统。如今学校和学校系统很在意自己指派老师的能力,它们非常害怕家长具有选择权。说到底,可能会有太多家长选择一个老师,而另一个老师无人选择,使整个系统陷入动荡。但这难道不正是选择的全部意义吗?另外,教育者也常常相信家长根本不知道什么对孩子最好。当然选择不意味着总能选到正确的"答案"。进化存在很大的随机部分——但随机性对于创造变化和进步的可能性是至关重要的。选择是产生进步的机制。

有例子表明,这种选择正开始在学校系统中获得认可。特许学校及其他特殊学校的存在和政策使人们开始有能力选择学校和老师。因此,任何一个学校改善项目的基本成分都应包括提供更多的选项。限制选择或许对学校的现有掌权者有益,但它阻碍了系统取得任何实质性的进步。

全局的总结:教育和社会

现有教育系统基于一种包括递进阶段(一年级、二年级……)和最终产品发布(毕业)在内的工业化模型。如今教育改革的主要工具——标准化考试——是工业时代中品质控制方法的一部分。这种方法在生产线末端(或在过程中的检测点)根据某种标准来评估产品质量以保证产品统一。有多种方法来改变教育系统使其更适合后工业时代的社会。或许和我们这里讨论的可能性相比,需要的是整个教育系统更彻底的改变。然而,哪怕是那些符合复杂系统观念的零敲碎打,都会对教育及教育系统的表现产生重大影响。

我这里主张的关键是拓展教育系统的作用:对于未来的教育系统,分辨个体学生应该接受**哪种**教育,是和提供该种教育一样重要的职责。并且,对学生接受哪种教育的决定,是教育系统和学生或家长之间双向选择的过程。

为了给不同的学生提供不同的教育,我们不能只是提供替代项目。我们还必须持续地评估学生来决定其在系统中如何前进。这是个复杂的寻路任务,目标是给年轻人一个教育与工作间的平滑过渡。(因为继续教育的存在,甚至都无法确定这是否算得上真正的过渡。)尽管可能很个体化,但评估也需要在学生之间进行比较。生态位选择意味着我们有一群足够相似的学生以供比较。学生也应该被分组，以简化不能教授太过多元化和专业化项目的老师的教育任务。然而不管我们是把这些学生在同时同地进行评估，还是用电子化或其他方法进行间接比较，都有必要用一些比较流程来评估学生(以更好地在教育系统中对其引导)，并评估提供给他们的教育。

我们考虑了两种不同方向：从每个孩子的复杂环境出发和从整个教育系统的失败出发。两个方向指向同样的结论：教育改革的方向应该是每个具体孩子受到的教育，而非统一的策略。实现个体化和为每个孩子选择恰当环境是巨大的挑战，需要对现有教育系统作出重大调整。然而，这是社会从工业时代向新时代过渡的一个重要方面，只有在工业时代，这种大规模生产在学校系统中才是一种至少有部分合理性的模型，而新时代下的教育系统将让孩子既能自我实现，也能应对我们所在的复杂社会。

这个过渡会有利弊，而不光只有积极的方面。这个讨论不是理想主义的——而是现实主义的。一个被珍视但或许应该抛却的理念是，我们都有共同的看待世界的方式且我们能够互相交谈并沟通。这个理念看上去不可持续。个体化和专业化最终来看和共通的沟通并不协调。社会作为一个复杂集合的概念并不意味着大家都是朋友，而是我们通过互补的差异来达成集体的有效运作。局部的沟通应该是有效的，但全局的沟通或许是有限的。这并不意味着我们不该尝试通过维持教育的常规部分来保持一些共性。然而，随着社会因专业化而越来越多元化，这种共性可能会越来越难以维持。

我们也指出，尽管存在源于教科书、教师培训和社会期许的标准化，教育过程的复杂性还是在过去带来了高度独立的课堂。如果我们换一种应对个体专业化的方法，不同地方的教育系统中的很多相似处就会减少。与此同时，通过允许让学生在各种可能的教育项目间选择,又会导致教育项目的关联性的提高。这意味着课堂之间的独立性会降低。学生之间的竞争、通过生态位选择来对他们进行的评估,以及课堂之间的竞争会增加关联性,然而这种关联性是局部的——而非整个教育系统全局的。当我们考虑复杂度曲线时,我们看到关联性会降低小尺度下的复杂度,而增加比其稍大尺度上的复杂度。降低教育系统的统一性会在最大尺度上降低复杂度。总而言之,最终的效果是在中间尺度上增加复杂度,远离要不然彻底统一、要不然彻底独立的传统"两头高"结构,而转向系统组织。从复杂系统的角度看,很显然这种复杂度曲线的转变对教育系统培养组成社会的一代人而言是必要的,因为教育系统的复杂度曲线必须和社会已经形成的和将要形成的复杂度曲线相匹配。

教育系统有责任教会学生他们需要知道的,从而让他们成为成功的公民。这种成功将同时实现个人成就和社会兴旺。客观上说,对于个体作用或社会作用并没有一个固定的关注,而关注的应是两者的兼容性。一个成功的教育系统既能让孩子发展自己的潜能,又能让孩子以各自的社会角色实现其潜能。

还有一个主题我们在这一节没有直接讨论,但它特别重要。在当下社会,基本单元并不是个人,而是各式各样的团队、组织来形成功能单位。因此,教育系统必须意识到,个体教育的本身是个不完整的任务。哪怕我们考虑到个体教育在个体后续形成有效团队中的促进作用,这也不够。最终,教育过程要以团队作为教育成果,而非个人。

传统上,大部分与他人有效合作能力的发展都被认为是学校课程之外的。合作和社交的技能往往是通过运动和比赛习得的,因为在其中,建设性的互动是必要的,不管是竞争性个体比赛还是团队运动。获得合作的能力一直是团队学习的重要部分。然而如同我们在讨论医疗系统时指出的那样,发展队伍的专业能力需要更高度整合的功能以完成高度复杂的任务。这些需要在特定的职业互动环境中习得,且习得方式需要对所涉及的特定个体有效。如同让几个个体学会打篮球并不意味着这就能让他们形成一个优秀的篮球队,学习个体技能也不足以保障其形成的队伍在其他环境下还能有效运作。尽管专业队伍明显不应该形成于教育的早期阶段(类似于在整合式课程中,部分大脑的过早整合),但我们仍需注意团队技能的学习,并接受最终能形成团队的教育发展过程。

第十四章

国际发展

介绍:发展中国家的发展和复杂系统

在世界大部分区域实现发展的目标不仅意味着经济增长,尽管这往往占很大一部分。发展是一个复杂的术语,经常包含了其他很多不同过程——消除极端贫困和饥饿、减少暴力、普及教育和医疗、利用未开发资源、减少致命疾病、减少经济不平等。基本上,发展的目的是培育一个有效运作的社会。如你所想,以复杂系统的角度来看发展,这一目标的很多方面以复杂的方式互相关联。然而,国际发展的主要参与者仅在近些年来才将这一关键见解融入实践中。

要用复杂系统的观点来看待发展,需要两个经常不被真正理解的观点。首先,理解每一种干预手段会如何影响国家内部架构是至关重要的。一些看上去顺理成章的干预方式——例如我们将在下文讨论的给饥荒区域提供赈灾食物——如果实施不当会引发灾难性的后果,导致事与愿违。另一些干预方式可能因为现状的稳定性而毫不见效。其次,复杂系统研究告诉我们,如果发展的目的是创造一个有效运作的社会,那么它就**不能**从头开始计划。因为组成这一复杂系统的所有关系和互动是不可能提前预知的,所以发展并不只是简单地起草一个蓝图然后实施。如果你无法计划去干什么,你能干什么?事实上,能干很多。为解释这一点，我们从研究粮食援助这一现实而紧迫的问题开始。然后我们看看世界上最大的发展活动支持者之一——世界银行是怎么在过去的活动中处理这些问题的。

粮食援助

粮食援助的基本任务是给世界较贫穷地区面临食物短缺的人们提供临时的救济。它让人们在有可能造成死亡的条件下保住生命。若实施得当，粮食援助可以预防哪怕短期的营养不良都能造成的不可逆后果。就它本身而言，我们很容易将之理解为一个积极的目标。然而，粮食援助的矛盾在于有时它反而使接受者比之前更为饥饿，且更加无法掌握自己的命运。

2002年，一个由联合国资助的对埃塞俄比亚北方粮食援助计划的评估得出结论，在贡德尔山区的粮食援助反而加剧了当地的粮食问题并阻碍了当地发展[1]。受益于定期的粮食援助，该地区的人口得以稳定增长，这却增添了当地农业和自然环境的压力，而从未减轻对外界援助的需求。这是长期提供粮食援助一个很自然的后果。然而也有很多其他例子和这个情况完全相反。对印度的粮食援助一度是举世瞩目的问题(例如在1960年和1966年)，而现在印度能在人口不断攀升的背景下，粮食生产做到自给自足(尽管国内分配还存在很大不均)。时至今日人们还在不停辩论粮食援助的利弊和人口增长的问题。

从复杂系统的角度，很多提供粮食的项目还存在另一个问题。项目的标准操作涉及把粮食直接分配给个人，他们往往去一个分发中心领取。这种形式的直接粮食援助有一个微妙但灾难性的效果：它打乱了当地的粮食生产、收获和分发机制。援助品的分发彻底绕过了本地的社会经济结构，导致后者被弱化，有时甚至被摧毁——让该地区面对粮食短缺的威胁时显得更为脆弱，更加倚赖持续的援助。这一问题常常被人口迁徙加剧了:人们从乡村转移到城市,因为在后者更容易得到援助。这样的人口转移更加扰乱了已有的粮食生产和分配机制,使这些机制更加难以重建。

粮食援助的矛盾也出现在援助机构为防止项目腐败和滥用的措施中。总的来说,分发粮食的人致力于确保每个人公平地受到援助。他们投入大量资源来防止人们挪用粮食供给并出售以获得私利。这里的矛盾在于,这种商业行为正是发展经济活动与社会协调的特征,而它们是一个有效经济体发展的基石。

值得指出的是,发达国家对粮食援助公平分配的关注,远远超过对本国粮食分配公平性的关注。的确,很多富裕国家仍拥有大量贫困和营养不良的人群,尽管其他人很富有。在发达国家出现这种情况的理由是什么?这很难从伦理上去解释。然而,我们认为有效的经济体就是这么运作的。相反的极端情况很容易理解。如果每个人拥有的资源完全一样,任何经济系统都没有存在的必要。如果我们不能接受不均衡的可能性,并且给贫困国家强加一个来自外部的高效分配系统,那么我们所做的和创建一个可持续系统所需的恰恰相反——我们在破坏当地现存的社会经济系统。

这些矛盾的核心问题在于,给每个人单独分发粮食创造了一个完全不需要当地任何内部社会架构就能实现的供应链。在拥有健全的粮食供应体系的社会中,粮食要经过生产、加工、包装、处理、分配、储存和销售等一道道流程,而每一道都由不同种类的工人之间的关系和交易互动来经营。相反,在一个直接接受粮食援助的社会里,绝大部分流程都由不属于这个社会的外人完成。这样就没有需要社会组织来提供粮食的环境压力。于是,发展不起任何内部的粮食分发系统就不足为奇了,且已有的分发系统也都会萎缩。这就是为什么很多困于饥荒的国家发现很难摆脱这一状况的一个重要原因,哪怕最初造成饥荒的灾难

(自然的或人为的)早已过去。

试想,粮食援助计划换个方法,不再是完全均等地分发粮食——有人多,有人少,或不等量地分给有限的一些当地主办人。这样的局面就需要系统内发生交易和重新分配。这些互动,从某种程度的定义上来说,就是经济系统的结构。通过促进这些粮食援助官员们极力谴责的互动,这样的计划将会一步步创立一个复杂经济系统。然而,只是随便创建一个社会经济系统并不是好主意。更好的方案是采取与当地社会原有分发系统一致、与当地自然环境一致的方法,将援助粮食导入离其天然源头尽可能近的地方。这样做对现存社会经济结构的维持要好得多。尽管那些捐赠物资的人会看到有个体利用他们的捐赠发了财,但我们必须意识到,任何一个经济的有效性既包含人们的辛勤工作,也包含人们靠运气获得资源(例如认领或继承土地)并出售以获利。

很多粮食援助计划都对接受国的社会组织迅速地造成了负面影响,并长期阻碍其经济发展,问题就在于这些国家基本的社会结构被弱化了,于是导致当它们尝试优化经济结构时发现无从下手。

这意味着我们就该彻底不提供粮食吗?当然不是!然而粮食援助机构必须意识到,在个人层面提供援助会冲击到组织的社区或社会层面。给个体提供直接的长期援助看上去是善举,但其代价是难以重建的必要社会结构。换句话说,这种粮食援助就像救了树木却毁了森林 。

有远见的人早就在思考如何在紧迫的粮食需求之上,帮助这些国家建立自我维持的手段。这就是发展机构的作用。要看发展机构是怎么去整体地强化一个国家,我们先回到对世界银行活动的探讨。

世界银行

1944年，世界银行（也称国际复兴开发银行，简称世行）成立了，旨在通过向发展中国家提供低息贷款和赠款来促进世界各国经济发展。创始者的理念是，如果世行对这些国家成功的项目和计划进行良好的投资，这些项目所带来的财政增长将以原始贷款利息的形式返还给世行，从而形成投资回报。这一策略之下的发展模型依赖于大规模基础建设项目（比如水坝）来刺激接受国的经济发展[2]。以大坝项目为例，目的在于给该国家提供一种廉价生产水电的手段。发的电可以被各行业购买并使用，以促进当地经济发展并创造就业机会。计划旨在创造一个双赢局面：该国家得以发展并能偿还贷款，而世行获得投资回报。

从历史上来看，这些贷款表现良好，所以世行得以赢利并继续存在。然而，这些投资对发展见效甚微，而发展中国家的很大部分——包括世界银行大量投资的那些地区——仍然处在贫困中。特别是大坝，经常无法提供宣称的益处，有时还会因人口迁移和环境问题而严重打击当地经济。

全面发展框架

随着时间推移，对这些局限的认识导致了对世行项目的重新评估，特别是在20世纪80年代后期至90年代初期。从1995年开始担任世行行长的沃尔芬森（James D. Wolfensohn）在1999年写了一封大大改变世行运作方式的信[3]。

沃尔芬森的新方法称为全面发展框架（后文简称为CDF），以更全面的框架来评估发展问题，而不仅仅是从经济角度。他提出，只有社会关键机构（政府、司法、财政机构和社会项目）、人居条件（教育和卫生）和基础设施（供水、排水、能源、交通、环保）得到改进时，才有可能实现切实的经济发展。他的陈述所依据的信念是:经济发展源于人们建立社会的能力和手段。

CDF的第二个重要方面在于摒弃了发展是世行单方面行动的理念。世行因在世界各处推行同样的解决方案、毫不考虑当地的担忧和问题而饱受诟病。与之不同的是,CDF呼吁当地政府、非政府组织、宗教和社会团体、私营机构和慈善家与世行共同磋商在各自国家进行发展项目的必要步骤。这些各种各样的发展领域的利益相关方合作促进发展,而不是一切决策和协调都倚赖于世行的中心化控制。

实施这一新框架的关键在于沃尔芬森所说的"发展活动模型"。该模型将项目置于一个有组织的网络中,被当作一个管理工具,即一种在各国计划发展活动的方法。发展的参与者们将协同设计各自国家的模型,确保CDF所提出在机构、人居条件、基建上的各种必要条件都得以涵盖。分配了角色和职责后,各个机构就可以实施蓝图中自己负责的那部分。

计划陷阱

从复杂系统的角度,CDF的主张——发展是全方位过程——是极为积极的态度转变,同样积极的还有它意识到在发展中存在很多利益相关方。尽管有着种种重要见解,但CDF在纳入复杂系统理念方面做得还远远不够。CDF有一些巨大的缺陷,若不能得到改善,这些缺陷将持续破坏其进展。

CDF的第一个缺陷,我称之为"计划陷阱"[4]。世行对发展中国家的干预往往发生在社会经济系统非常薄弱的国家。这些国家的基础建设、社会保障和经济活动都非常弱。对于这些国家,在一个模型中计划投资、促进发展无异于设计一整套有效运作的社会结构。如果我们能彻底了解健全社会如何运作,这一套或许还行得通。但社会系统高度复杂，导致根本不可能计划出一个这样的系统，更不用说计划出一个过程，使我们能从失灵的社会转入健全的社会。

一个不准确的类比是，想象用一堆器官拼出一个活人来——就是科学怪人*的那种任务。让各个部分有效运转，并根据它们之间复杂的相互依存方式将它们连接起来以协同工作，这绝不是件易事。我们或许很清楚健全系统的一些方面，也一定能够识别并努力实现它们。但就算我们了解了复杂系统的一些部分，这也不保证我们能将之结合成一个正常运转的整体。给每个器官指派各自连接的对象并不能在现实世界中成就科学怪人式的造人。这意味着协调发展活动远不像往一个网络里添加条目那样简单。

系统和环境

CDF方案的另一个缺陷就隐蔽得多，却一样致命。复杂系统最重要的见解之一就是必须了解系统和其环境的关系。在发展中，这可以意味着国家与更广阔的国际背景或与其最慷慨的赠予者间的关系。换句话说，只是意识到社会经济系统中存在很多相互连接的部分及其对系统有效运转的重要性还不够。如果你只考虑系统内部的连接，就错失了全貌的一半。系统与其外界环境间连接的性质同样重要。发展的产生既需要系统内部机制的支持，又需要系统外部环境的促进。研究发展的人士往往能意识到系统和环境互动的重要性。微妙之处在于CDF作为一个行动框架，在考虑干预的影响时并未把这一认识放在最高优先级。这是个重点应该在哪的问题，最终也是很关键的一个问题。

---

* 这里指的是英国小说家玛丽·雪莱(Mary Shelley)在其小说《科学怪人》(*Frankenstein*)中讲述的故事。故事中的主人公四处收集了人类的肢体和器官，拼接成一个完整的人体，并使之获得了生命。——译者

自然环境包括地理、自然资源和气候。想想这个简单的事实：世界上大部分欠发达地区都在赤道附近，不光对非洲和亚洲，对美洲也是如此。赤道区域给发展带来的阻碍不仅仅是高温。全球这个区域经常发生可持续数年之久的气候剧变[5]。过量的降雨和连年的干旱交替发生，赤道区域同时也是严重的洪涝、台风和飓风经常侵袭之处。所有这一切都给成功发展的可能性带来了重大的冲击。气候的激烈变化让基础建设和社会机制更难维持。鉴于洪水、飓风和山火尚能给美国等温带发达国家带来毁灭性的影响，那么时至今日，环境仍然是制约热带地区发展的一个关键因素就情有可原了。因此，如果没有充分准备，那么严峻的天气状况足以破坏发展。

现在的发展研究中最热门的课题是"可持续发展"：我们当前在一个区域促成的发展过程能持续到今后吗？对这一观念的流行解读往往聚焦在确保发展不以破坏**自然**环境为代价：以破坏、污染、过度消耗、过度开采或产生废品等方式给后世（和环境本身）造成难题。结合上面的评论，我们认识到可持续性也关乎发展能否在各种环境下和各种可能发生的事件冲击下持续，比方说发展能否在赤道区域较频繁的环境变化的冲击下持续。

然而，自然环境也不是我们唯一需要关注的环境要素。发展还必须使系统有能力存在于其人为环境中，包括它的文化背景、邻国以及更广阔的全球系统的状况。全球经济系统可以通过各式各样的贸易和商业互动来提供发展机遇。然而，全球经济是一个瞬息万变且经常动荡不安的系统。在当今环境下，哪怕是完善的大公司和发达国家都很难在这个系统中有效存续（比方说，作为全球最大、最成功经济体之一的日本在20世纪90年代就遭遇了巨大困难）。在这样的环境下，我们如何期待发展是持久且可持续的呢？当今大多数"工业化"国家发展时所处的国际环境和发展中国家当前所面临的大为不同。我们不能简单地假设，让19世纪的英国得以工业化的那套结构和机制，能用来发展21世纪的尼加拉瓜。发展策略必须和全球正在发生的激烈变化相适应。

这个问题的另一面，在于理解系统如何变得依赖于其外部环境。发展援助的大部分旨在成为临时干预的一部分。理想做法是外在力量（比如世界银行）在短期内提供援助然后离开，留下一个已经得到发展的、不用依赖该外在力量的持续干预也能自给自足的国家。发展机构构建经济援助的目标是培养独立性，而非依赖性。因而发展机构应该扮演房屋建设中脚手架的作用，建成完毕后将脚手架撤去，房子也能屹立不倒。尽管出发点常是这样，实际中却不总是如此。问题在于，一个会天然地适应其环境的复杂系统，几乎总在羽翼渐丰的发展过程中和支撑它的"脚手架"纠缠在一起。几乎所有的干预都会在系统和干预者间建立一种依赖。当一国的经济是由世行的慷慨贷款来主宰时（如果想让贷款对该国的经济发展产生重大影响，那也只能如此），该国的经济会结构性地化作对这一干预的响应。因此，发展援助很有可能使接受国完全依赖这个援助，而非帮它自己成为一个独立可行的（可持续的）系统。

这立即就给我们造成了矛盾：如果帮助会造就依赖，那该怎么帮？要应对这一矛盾，需要意识到不同形式的帮助会导致不同种类的依赖。我们完全可以通过仔细选择援助的形式来将依赖最小化。有时，必须权衡援助的益处和产生的依赖问题。在另一些情况下，依赖可以成为一个积极的效果而非消极的。的确，很多人认为今日发展努力的目标实际上就是创造本地经济系统和世界其他地区经济系统间的一种互惠互利的依赖。在这种情况下，我们能把援助视为一种转变，协助系统和其环境逐渐达成期望的互动形式，融入为系统和环境间关系的一个重要部分。

有理由认为可持续发展从某种层面说必须是"自然"的——对于这

个发展的社会中的人而言是自然的，在他们的环境中是自然的。自然，意味着其最终作用和通向这个作用的途径与系统的能力、优势以及所处环境都是一致的。如果我们想要持续性，这个条件是有道理的。区域差别也会导致发展在不同地区有不同形式。往往有人认为全球化和统一性是一回事，然而这一点并非不证自明。当我们关注到世界各地间和人群间的差异时，就知道这显然不对。总的来说，一个国家的成功发展对另一个国家而言不一定是成功[6]。复杂系统的视角意味着系统部分的多样性对于系统迎击挑战的能力而言是重要的。假设人类将在未来面临挑战，那么人类内部的多样性将会极其关键。这不应被解读为为了追求多样性，一切状况都是可接受的。然而，仍然可能有多样化的方式以改进条件并使社会更好运转。

很重要的是，这返还给我们一个广为人知的发展范式。因为各种经济原因，有些国家和地区（比如印度的部分地区、东南亚）在近年来高速发展，这很大程度上得益于它们自己的能动性，以及出于经济利益投资于它们的个人和企业的能动性。产生的互动——资本流、产品和工人，本质上就和全球经济相接轨，因为后者促成了它们。它们未必总是稳定的，反而是一直激烈变化的，这和激烈变化的全球经济是一致的。哪怕这种过程和现在的"可持续发展"概念并不总是吻合的，但它们看上去仍反映了一种强劲的发展过程。

因为存在过度利用环境和人民的可能性，这种经济发展的形式遭到了一些反对。比方说，和发展相关的一大问题，是某些企业对待员工的恶劣方式——压榨廉价劳动力。不幸的是，在当今发达国家过去的发展脚步中，也充满了各种环境和人的代价。我们可以希望并且呼吁，这些问题不再以曾经的"烈度"重演，以及让发展的不同阶段间的过渡更快速。但是，根据既往经验，我们很难知道如何彻底规避它们。

这些讨论可能会让有些人认为所有的援助都不好。这样的表述太极端了。如果没有特殊的援助，有一些地方能很好地发展，还有一些地方完全没有发展，那么在后者中也一定有些地方借着一点点的援助(轻推一把)就能推动发展。关键在于提供援助的方式，要能指向发展的自然过程，而不是尝试根据一套人为的限制或目标，以完全计划好的方式来指挥发展。“轻推一把”的方式能让系统围绕一个长久的解决方案来展开，而非临时的。这是建设性地实现全球化的重要特征：发展中国家因为能和世界其他国家建立长久的、互利互惠的互动而发展，而不是因为临时援助。如果需要临时的解决方案，那么它们的存在时间需要严格控制，以防当地社会系统围绕这些临时方案展开。

系统和干预机构之间的另一重紧张关系与网络系统的改变过程有关。正常运作和非正常运作的社会都属于网络系统。任何一个系统中的相互依存都导致了它现状的一种稳定性。系统的现状，不管多么失灵，都和系统内频繁进行的互动是相互适应的。这就意味着任何试图切实改变系统的干预，都会自然地和使系统回归其本身状态的互动相抵触。

可以用一个简单的物理问题来视觉化这一状况：从山谷底部移动一个球。如果你只是把球往某个方向轻轻一推，它很快就会滚回初始的底部位置。我们说这个系统是自洽的。这种稳定性对任何一个有效运作的社会都是必需的——否则任何一点小的外力或改变都会造成重大破坏。然而，那些我们想改善的系统也存在这种自洽性，这意味着我们施的力要大到足以产生重大变化。当我们施以大力，我们本质上就会使系统不稳定，并且改变的过程不会平稳。如果我们推球的力量大到能将其推出山谷，它就能翻过山峰导致系统“逃逸”。然后系统就恰好落入我们想让它落入的地方的概率当然不大。相反，它可能落入其他地方，进入一种不如我们期望的那么有效的状态——对于复杂系统而言，相较于有效运转的状态，存在着多得多的可能失灵的状态。这就导向关键的一点:在受迫发展过程中,我们准备用来稳定系统的力,至少要和用来改变的力一样大。

这种不稳定如何表现出来?它们以削弱发展的形式出现,并能产生彻底的破坏,造成各种无法正常运作的社会。我们针对稳定所做的探讨就像是在说健康的生理机能离不开骨头,但骨头要占系统的多大比重呢?这个问题自然将我们引回了计划的基本困难。如果系统不是自己发展起来的,我们就得充分了解其发展过程才能提供让它正常运转的合适外力——这实在是一项复杂的任务。向前的关键一步是认识社会的多尺度复杂性,以及随之而来的所涉及任务的多尺度复杂性。这一理解和对规划过程局限性的认识及相应的解决办法息息相关。

在组织的各个层面上援助

在某种意义上,粮食援助和发展援助在传统实施过程中的根本问题是互相补充的。前者应对个体的存活,后者考虑的是整个国家。但它们都没有充分考虑到社会是由多个层面的组织所组成的,也没有考虑到社会运作的多个不同尺度。

粮食援助被直接交给个人,这会扰乱更高层面的社会组织。发展援助在历史上主要是以贷款的形式,在国家层面交由一些人作为整体来管理。这些个体就要负责将这些资金以能刺激整体经济的方式进行部署——经常是通过大型的公共工程项目,例如大坝或水库。然后其中的收益应该通过"涓滴效应"渗透进更低的经济层面。问题在于这种策略很少能直接解决贫困。这种策略和我们在第十章讨论的美国医疗保健系统中的资金流问题很相似。因为资金流的目的就是要将资金分散到系统的各部分,以实现社会各阶层的个体福利,所以我们就会面临将大的流动细分成很多小的流动时的问题,导致湍流。这是粮食援助困难的反面极端,因为粮食总在个人层面分发而损害了社会经济结构的发展。

要理解怎样的活动才能既缓解饥饿问题,又保存现有社会结构或能种下自给自足社会的种子,我们需要考虑个体和社会间的关系。

响应饥荒的人道主义援助机构必须明白,它们的任务不只是减轻个体的饥荒,还必须培育其任务区域的社会内在机制,使其能开始服务于自己的社区。这两个项目所运作的时间尺度应该很不一样。当发生大规模的社会破坏时,例如自然灾难或者内战,个体层面有对援助的迫切需求:医疗、食物,以及其他的援助都必须立即展开。然而,这种响应需要逐渐让位给那些能促使社会在越来越大的层面上正常运转的长期援助。

同样地,哪怕是在紧急情况下,我们都应仔细考虑放宽对适当使用援助的限制。如果想保持援助时已有的社会结构,我们需要记住建设性的援助不意味着要抑制经济活动。当想要培育新的社会结构时,我们就不应扼杀创业活动的扎根。这不意味着发展组织应该看着人们肆意抢夺援助物资而无动于衷,也不意味着去助长援助接受者的恶意,而是意味着应该允许受援助者在一定程度上利用援助品。毕竟,这种利用也发生在发达国家,这就是食物分发的机制。只有当人们在为资源竞争时,他们才会感到合作的需求,然后他们才能开展活动以保持或拓展当地经济。这是指引个体组成团体和更大结构的进化过程——这也是令粮食援助项目和当地基础设施的恢复共存的办法。

反过来说,专注国家项目的发展机构要统筹考虑国家各层面之下的诸多更精细尺度上的社会组织。有些发展机构意识到了这一点。发展经济学现在越来越重视"微贷款":小型的、精准的贷款,旨在帮助有创业想法的个体而非整个社会。这只是个开始,但就像粮食援助的例子,它也常矫枉过正而过度关注个体。从复杂系统角度看,在系统结构的各个层面上还有很多更适合社会组织发展的替代选择。如果发展援助的目标是促进内部共生关系而非个人财富,那么就应该扶持当地的社区发展。

此时,多层面的合作与竞争就起作用了。我们不能期待社会组织纯粹从竞争或合作中产生。相反,意识到合作和竞争是组织的阴阳两面(如本书第一篇所述),我们应该发展促进合作与竞争的项目——可以采取直接经济竞争的方式,或看似次要的社会竞争(例如体育)。只有在不同层面上开展的竞争和合作,才能导致社会结构的发展,而这将带来有效的社会系统。哪怕援助是用来解决局部社会问题的,它也是一种竞争:不同的实施团队间对资源的竞争。如果竞争发生在援助机构之间,那么这些机构就能增进能力。用本地团队来解决问题能创造当地社会进行组织和行动的能力,这本身就是发展的必要部分。

一个成功的发展策略涉及定位当地社区规模上要解决的问题,并给当地组织提供援助来应对它们。在局部层面造成变化的小项目的积累,会造成在更高层面上大的效果,但免于直接施加一个大项目(比如建造一个巨型大坝,或让少数几个人拥有对巨额资金分配的决定权)所带来的那种对结构稳定的破坏。进行局部项目的一个附加好处是可以同时在多地用多种不同的方法来尝试解决问题,看怎样有效。成功的本地方案就可以作为模板来施用在更广阔的范围内(或在小范围内解决类似的问题),进而吸引更大的时间投资和资本。

有生物学的例子可以支持这种从局部结构往上的发展模式:产生众多后代的生物进化发展。在每一代中,成功的个体得以繁殖,失败的走向消亡,最终导致形成了一代更适合当前环境的个体。我们可以把这些生物和发展计划进行类比。当我们在不同地方尝试不同的项目时,成功的项目脱颖而出并被复制。下一次执行时的调整(变异),导致项目实现持续不断的改进。

把这和胎儿发育作对比,后者发生在完全受保护的环境中。子宫不被外界威胁侵扰,于是从一个细胞开始的发育能持续到整个机体都能有效运作,并对外界的需求有了准备。这有点像援助项目和脚手架的类比,我们也讨论过那种临时的援助关系为何很难成功。

为什么国际发展应该跟随生物进化的模型而非胎儿发育的模型呢?因为和胎儿发育不同的是,经过援助带来的多轮变化后,发展中国家尚未走上一个能顺利发展的标准流程。我们对社会发展的了解还不够,还不足以创造一个在隔离环境中被保护起来的发展策略。我们仍在尝试各种成功途径,这就是进化过程的标志。这才是计划陷阱真正的替代品——小的局部计划,而非大的全局计划。如果我们最终想尝试胎儿发育式的策略,那我们需要多得多的经验并完全致力于理解复杂系统如何产生。在此之前,多个小规模干预是找出可行方案的最好途径。

总结

国际发展这一主题提供了宝贵机会,让我们清楚地探讨了对复杂系统进行中心化设计和计划带来的诸多问题。也许是因为国际发展的目标是创立健全的社会,而这是我们所知最复杂的事物。有三个关键点可以用来改善今后的发展努力。

第一点是要认识到组织架构的多个层面。传统援助努力的重点要不然在组织的最小层面,即个体身上,要不然在组织的最大层面,即整个国家上。直接援助个体或直接援助国家都弱化了结构的中间层,而它们对一个健全的复杂社会至关重要。这些中间层面是个体间和人群间的互动,包括了贸易和商业、合作和竞争,它们是经济活动和社会活动的基础。认识社会系统的多层面结构,以及各层面间的相互作用,是迈向更有效方案的第一步。

第二点描述了系统和环境间互动的几个方面。为了开展促进发展的定向干预,必须仔细考虑目标国或群体所处的自然和人文环境。赤道地区发展中国家现存的问题至少部分源自赤道气候带来的严酷的、阻碍发展自然产生的物理环境。一个发展中国家最终必须成为全球经济的一部分,因而也会吸纳其巨大的不确定性和复杂性。要意识到发展中国家面临着复杂的物理环境和社会环境的双重挑战。分辨在具体情况下能促进发展和阻碍发展的外部力量,是理解发展的第二步。

第三点探讨了干预带来的依赖性。干预,特别是旨在制造变化的强干预,基本都会导致目标国和干预者之间某种形式的依赖。我们应该认识到这种纠缠的存在,并指导项目采取某些干预,以渐渐使受援助国成为全球系统运转中重要的一部分。

第十五章

开明进化工程[1]

介绍:进化工程

系统工程与管理有着共同目标:创建有效的复杂系统。传统上,两者存在重要差异:工程师建立由硬件、软件或两者结合组成的系统,而管理者创造由人组成的系统。现今这一区分没有过去那么明显,对于不少现在创造的复杂系统而言,根本就不该有这种区别。其中有两个主要原因。首先,几乎任何的系统都同时包括人和设备;其次,创建对象系统的项目本身涉及人和设备,因而既是管理项目又是工程项目[2]。

在前面的章节中我们讨论过在关键的社会系统中,一些算得上危机的组织失败。在这一章中,我们来探讨重大工程项目中的类似情况。因为其人工的属性,看上去常规的计划实施过程对工程系统是有效的。然而,就像复杂社会系统一样,复杂工程系统不能用这种方式创造。过去几十年的工程项目历史都说明了这一点。我们以描述这些失败开始这一章,然后更进一步来探讨该如何成功地创建复杂系统。

组织如何转化自身以更好地适应其任务和环境的复杂性?本书的主要目的就是为这个问题提供一种见解。我们讨论过针对一些很重要的任务最有效的结构是怎样的,然而我们尚未系统地探寻如何实现这些结构。不幸的是,“前往”最佳结构的路径并不明显。复杂系统的总体功能中有很多重要的具体细节,事实上,人是无法完全弄懂一个足够复杂的系统的。

如果我们没法搞懂复杂系统,那我们怎么设计、管理、控制或维修它呢?我们怎么修正或改善高度复杂的医疗系统、教育系统或军事系统呢?答案最终必须要涉及进化,因为这是我们已知唯一的能创造出高度复杂系统的过程。

在这一章我们会探讨如何运用进化方案把一个组织的结构变得更加有效。我们这里讨论的很多想法在前面章节已有暗示,但它们终于在这里结成一个全面的策略:开明进化工程(enlightened evolutionay engineering)。本章重点是重大工程项目,但其经验教训适用于任何创建或大幅改善复杂系统的尝试。

系统工程的成功:曼哈顿工程和太空计划

最广为人知的两个成功的工程项目是曼哈顿工程(不到三年就制造出原子弹)和美国太空计划(在苏联的斯普特尼克卫星之后主宰了人类航天事业的发展,并在几十年中确保了美国的技术领导地位)。时至今日,这些项目的经验仍是当代工程的范式,有着重大影响。这一范式有几个固有假设。第一,将对全新技术的使用视作理所当然;第二,新技术基于对控制整个系统的基本原理或方程(曼哈顿工程中的质能方程 $E=mc^2$ 或太空计划中的牛顿力学定律 $F=ma$ 和万有引力定律 $F=-GMm/r^2$)的充分认识之上;第三,项目的意图以及更具体的目标和规格都能够被(并将被)充分理解;第四,基于这些规格,就能从零开始创建出设计方案,而这一设计将被顺利实施,任务也能得以圆满完成。

今日的大型工程项目大体也按照这一范式。用新系统取代老旧过时系统的需求(尤其是对使用新技术的需求)推动着这些项目。项目的时间线涉及一连串的阶段:最开始的计划阶段,继而让位给细化阶段、设计阶段和实施阶段。整个流程的每个阶段都假设管理者完全知道该干什么，并且这些信息可以包含在细化的规格之中，最后以能否实现这一规格来考量管理者的成功与失败。在技术上，当代工程项目往往涉及将系统整合成更大的系统，以增加过去无法实现的多种功能，同时也期待它们满足各种额外的限制条件，尤其是可靠性、使用安全性（safety）和对外安全性（security）。

工程项目的失败

曼哈顿工程和太空计划成功的图景还历历在目，但重大工程项目真正的状况往往并不令人满意。尽管有巨大的时间和金钱投入，很多计划仍然失败并被放弃。表1展示了一些这样的失败项目，其开销从5000万美元左右到50亿美元左右不等。列表中的最后一个项目——伦敦救护车派遣自动化项目，可能在其运转的灾难性的48小时中带走了20条生命。其中任何一个项目背后都有巨大的投入，而其被放弃也有极其充分的理由。

这里列出的最昂贵的项目是美国联邦航空管理局（FAA）的高级自动化系统（AAS），这是美国政府对国内航空管制系统进行现代化改造的尝试。在过去的几十年中，人们把飞机延误和其他局限性问题归咎于空管系统的老旧技术。这一系统最早是在20世纪50年代用真空管技术设备来建立的。在60年代，该系统添加了大型机[3]。到70年代后期，这些技术已非常陈旧，其功能局限性足以引得现代工程师嘲笑不已。尽管如此，一个在1982—1994年间耗资30亿—60亿美元的现代化努力还是被放弃了，所有努力竟未给系统带来丝毫提升。系统还在用真空管！一个耗时12年、耗资数十亿美元的项目怎么会无法将仍在使用的最古老系统现代化呢？AAS将成为本章的关键案例，因为它展示了人们在试图改进自己不了解的复杂系统时会产生的种种问题。

表1　失败的大规模工程项目清单[4]

系统作用——责任方	工程时间(结果)	成本估计(美元)
驾照、车辆登记——加利福尼亚州车辆管理局	1987—1994(废弃)	4400万
自动预约、售票、航班安排、燃料提供、餐饮和一般行政——美国联合航空	20世纪60年代末—70年代初(废弃)	5000万
全州自动化儿童支援系统——加利福尼亚州	1991—1997(废弃)	1.1亿
酒店预约和航班——希尔顿酒店、万豪酒店、美国航空	1988—1992(废弃)	1.25亿
高级后勤系统——美国空军	1968—1975(废弃)	2.5亿
金牛股票交易系统——英国证券交易所	1990—1993(废弃)	1亿—6亿
美国国税局税务系统现代化项目	1989—1997(废弃)	40亿
美国联邦航空管理局高级自动化系统	1982—1994(废弃)	30亿—60亿
伦敦救护车电脑协助派遣系统	1991—1992(废弃)	250万,20条人命

当一个类似于重新设计空管系统这样的大项目失败时,参与者和观察家往往会指出各式各样的原因。在这个案例中,有几个失败原因是独特的。有人指责美国政府的采购程序,这同时牵扯到FAA和国会;另一些人认为该系统的规格和要求从来没有被彻底弄清。另一种可能性是这个不切实际的决定本身:想规划出一个"大爆炸"式的骤变使老旧系统很快变成新的。把重点放在从手动向自动系统的转变是导致没有进展的另一个可能原因。最后,很多人将项目最终的失败怪罪到空中交通管理者行使了"安全一票否决权"(他们有权出于安全考虑拒绝任何变化)。这的确像是一个令人望而却步的挑战,因为空管系统影响着坐满乘客的飞机,任何一点系统错误都有可能导致多人的伤亡。

把AAS的失败归咎于以上任何一个或所有问题都有充分的理由。为了减轻这些问题而采取的行动包括作为1996年克林杰-科恩法案一部分而创立的《信息技术管理改革法案》(ITMRA)。该法案旨在将私营部门的采购策略融入政府部门中,以应对政府项目中大规模浪费的现象[5]。然而,针对大型信息技术工程的研究表明,不光是政府部门,私营部门也有相当数量的项目在令人咋舌的时间和金钱投入后被彻底抛弃了[6]。根据其中一个于20世纪90年代中期进行的大型研究,他们调查的项目中有30%都被彻底废弃了;另有50%的项目超出预算(一般是超出一倍),延误一倍工期,还只完成了原始设计规格的1/3。所以,将每个案例归咎于独特的原因,就不像是看上去那么有建设性。失败项目的高百分比和远远不能达到设计规格的项目的超高百分比,表明了大型工程项目中的困难性有其更深层的原因。

尽管有ITMRA和相关的改进,但之后开发AAS后继者的过程仍十分缓慢且进展有限[7]。从1995年至2000年,其主要成就包括更换大型机、通信交换系统设备和中途控制站,而新设备的使用仍然遵循根据老设备设计的使用协议。对负责机场附近空中交通管制的自动化雷达终端系统的替换碰到了更大的麻烦。替换这些终端——标准终端自动化更换系统(STARS)的项目,面临了很多影响AAS的问题:成本超支、工期延误,以及实施中被行使安全一票否决权。最终在2002年,不顾对安全测试中失败的担心,FAA利用紧急法令强制在几个相对小的机场安装了该系统。2003年,尽管仍存在很多系统漏洞,但该系统又在几个更大的机场进行了安装。到2004年,在其他机场完成该系统的安装预期至少还需要8年[8]。

当代工程项目难题的根本原因之一在于它们固有的复杂性。这些项目建造或改造的系统拥有很多彼此关联的部分,于是一个部分的变化经常对系统其他部分有影响。这些间接效果常常出人意料,就如同多个成分发生互动时产生的集体行为一样。间接效果和集体行为都容易引起系统不能容忍的错误。此外,当系统的任务本质上很复杂时,预见可能对系统提出的所有要求,并且设计出能以所有必要方式作出响应的系统,这是行不通的。这一问题呈现的形式是具体化描述不足,但根本问题在于对一个复杂系统是否可能产生足够具体的描述。我们在本书第一篇对于复杂度的讨论,意味着这样的一个描述会长到没法写也没法读,因此从实际来说不可能。

抛开曼哈顿工程和太空计划表面上的复杂性,它们致力于完成的任务比空中交通管制问题要相对容易。比方说阿波罗计划,其中心任务的目标往往是将一件设备送至一个指定地点(地球轨道、月球轨道、月球表面等),将它在那里保存一定时间,然后安全带回地球。当涉及载人时,安全考虑的确让任务更为困难。但是要确保在任意时间、各种环境条件下任意两架飞机的三维轨迹永远不相交,是个复杂得多的任务。在短时间内起降的众多飞机的轨迹导致大量出错的可能性,必要的安全约束容不得一点错误。某一个项目的崩溃看上去有一个具体的原因,但这些系统固有的过高复杂性是许多项目共有的问题。锁链的确是从某一环开始断裂,但如果锁链的承重太大,总有一环将会断裂。

针对工程复杂性的常规处理方法

工程计划的复杂性在提升,但这种复杂性不是什么新鲜事。工程师和管理者普遍了解这一点,并开发了系统化的技术来应对它们,也常常取得成功。像模块化、抽象化、等级化、层级化等概念帮助工程师们有效地分析他们面对的系统。但当系统的相互依存性达到一定程度时,这些标准方法就会失效。

模块化是将大的系统拆分成较简单的部分,并独立设计、运作这些模块的一种方法。它错误地假设复杂系统的行为在本质上可以简化为部分之和。将系统有计划地分解成多个模块，在系统不太复杂时是有效的。对于一辆车，它的燃料系统和点火系统一般可以分别制造然后组装在一起。然而随着系统越来越复杂，这种方法迫使工程师把更多的精力花在设计不同部分间的接口上，最终导致这个流程崩溃。

工程师用抽象化来简化对系统的描述或规格制定，将他们认为的与系统最相关的属性提取出来并忽略其他细节。虽然这也是个有用的工具，但它基于这样一个假设：系统一部分（组件）所需的细节可以独立于系统其他部分的细节来设计。

无论是通过系统的结构还是通过系统各部分的属性（例如在面向对象程序设计*中），模块化和抽象化都是通过各种形式的等级化或层级化的规范来概括的。这两种方法常常因假设细节可以在项目的后续阶段再提供，而错误地描绘了系统各组件的表现和行为关系。

相同的问题也困扰着管理者为组织、协调项目的各小组而发展的机制。开发中的组件相互依赖越多，必须进行互动的小组就越多。对这些小组的协调管理因而也变得越来越困难。

系统工程的这些机制和技术很难做对，但问题还不仅仅是难度。我们对复杂工程系统的分析中含有两个关于复杂系统的定理。第一个是必要多样性定律（Law of Requisite Variety），它实际给出了一个工程系统的复杂度与该系统需执行任务的复杂度之间的量化关系[9]。第二个关于功能复杂性的定理，证明出于现实的目的对复杂工程系统进行充分的功能测试是不可能的[10]。它们需要在太多的情况下能正确运行，根本无法有效测试。鉴于复杂工程系统的问题不是源于系统工程师的错误，而是源于基本策略的失败，我们必须找到新的解决方法。

---

* 基于面向对象技术的程序设计范型。它将对象作为程序的基本单元，将程序和数据封装其中，以提高软件的可复用性、灵活性和扩展性。——译者

简化目标

复杂系统研究领域为工程项目的失败准备了两个解答[11]。第一个是在可能的情况下简化目标。意识到复杂性是工程问题的一个关键属性,应该使策划者们尽可能限制目标的复杂性。对能满足所需功能最小复杂度的估算,应该是评估工程项目过程中最早的一步。

当设计一个新项目时,很容易想到初始策划会的两种形式。在第一种里,每个人以"头脑风暴"的方式来完成想加到系统中的功能愿望清单。这个清单就成了策划的基础。在第二种里,重点在于创建能够大幅改善当前状况所需的最小功能集。前者必定会导致过度复杂和不切实际的要求,后者则有大得多的机会实现。

简化的动机可能很明显,但采用"愿望清单"方法来划定项目范围的趋势往往源于系统开发者和使用者的分离。当多个供应商争取工程系统的合同时尤为如此。当内部开发者必须与公司其他的优先事项争预算时,情况也是这样。给人夸张的、不切实际的预期,对这个阶段的参与者没什么不良后果可言,因为项目往往要多年后才能完成。同时,认识到是什么产生了复杂性并非易事。不出所料,当代工程的很多关键方面恰恰增加了复杂性:将之前独立的系统整合、实现功能多重性,以及应用多重限制(尤其是安全限制)。这中间的每一个都增加了系统必须应对的可能性,并减少了成功选项的数目。

更宽泛地说,从企业对其管理复杂性的限制中我们也能看到这种方法。它已变成当代企业行为不可或缺的一部分:关注"核心竞争力"而把不必要的部分外包。这显然就是降低组织复杂度的一种方法,而服务型经济的内在本质让这成为可能。

简化工程系统的功能并不总是可行,因为所需的或想要的核心功能本身可能就是高度复杂的,也就意味着我们无法规避它。举例说,我们不能先估算出现代化空管系统所需的复杂度,然后通过规定今后只有当前数量1/4的飞机可以起降,来降低系统的复杂度。如果要放宽系统的安全限制就更不可想象了。然而,这种类型的项目已经证明不是常规的工程流程能完成的了。

开明进化工程

在这种情况下就需要一种进化方案。工程中进化流程的发展需要对常规工程步骤是如何实现的进行重新思考。因为进化不是个简单的过程,所以必须仔细考虑有效的进化策略。

从操作上来说,创建进化流程的关键在于组织在不同层面进行竞争与合作的协议。在最大的层面上,是所有竞争者之间的合作。竞争者由个人(和其设备)组成的团队形成,他们通过彼此竞争的方式参与到任务中来。他们之间的协议包括共同创造一个环境以提供竞争所需的条件和规则。

设计进化流程的基本概念在于创造一个能够在系统自身中促成连续创新过程的环境。把系统中的个体部分——作为系统的一部分来执行任务的硬件、软件或人——想象成自然环境中的生物体。在进化流程中,这些个体的变换通过替代进行,包括替代为新的设计、新的培训,或者更改其协同工作的方式。这种成分的替代涉及系统一部分的改变,而不是系统所有相似部分。每一个单独的硬件或软件变化只要不是太复杂,就可以用常规的工程方法来完成。然而,就算系统中多处都存在相同的部件,也不要同时更换它们所有。由不同的团队来设计并执行这些改变。这是标准化的**对立面**——我们不强加统一性,而是在系统上明确地强加多样性。

开发环境的构建应该使对可能性的探索可以迅速完成。如果与某个更换后的部件相关的体验显示它提高了性能,这一部件就可以被系统中更多的部分所采纳。这是一种通过知情选择而发生的进化。选择过程明确需要的反馈,来自这个部件所在系统在实际任务中的表现。

因此,在大型系统工程项目中的创新过程会涉及多种设备、软件、培训或人的作用,它们同时执行相似的任务。我们来考察其中一件设备本身发生在好几个阶段的变化过程。在第一个阶段,这个设备的一个变种被加入系统,并和原始版本共同工作。这个变种仍可以用常规发展流程来开发——开发团队或个人或许仍使用那些广为人知并久经测试的策略来计划、规范、设计和实施。局部来说,这个变种表现可能更好也可能更差。然而总体上,整个系统的表现不会受到太大的影响,因为设备的老版本仍在系统中并行运作。如果新变种较之以前的更有效,在第二阶段就可以选择在系统其他的部分进行更替。随着更替的发生,无论是在局部环境还是整个系统的大环境中,从老版本到新版本的负荷转移都在竞争的背景下展开。在第三个阶段,老版本部件被保留一段时间,用来负责系统越来越小的负荷,直至最终被"自然地"抛弃。

本质上,新老设备相互竞争完成任务的权利。当新的设备在竞争中获胜时,它们就会被更多地采用而老的设备逐渐被淘汰。然而,仅仅跟随一个创新过程,会产生对进化工程过程的片面认知。相反地,关键要认识到任何时候可能存在的**各种**可能性和子系统,以及它们如何在创新过程中协调作用。这种多样性源自在系统的不同部分引入多种组件上的创新,并允许通过竞争来增加其使用比例。

进化工程并没有完全抛弃目前在大型工程项目中使用的常规发展流程,而是将它融入进化过程这一更大的背景之中。不同之处在于新的替换组件是以并行的方式引入,这就确保了冗余和稳健性(robustness)*。

---

* 指的是系统在异常情况下(如输入错误、硬件损毁、外部环境变更)仍能维持其设计功能的特性。也译作"鲁棒性"。——译者

与此同时,当前的多样性为系统功能的变化提供了稳健性。如果系统功能突然变化了,系统仍能很快适应,因为有多种子系统的可能变种可供采纳。

引入的不同组件应该由不同的设计团队分别设计。多个小团队来设计被并行引入的新组件以及其设计过程的分离,确保了最大程度的创新,这和网络细分带来创造力的方式是相同的(请参阅第三章)。

人和设备通常意义下的区别并不影响我们思考进化工程过程。我们的系统既包括人又包括设备(计算机、通信设备、电子网络等)。人的培训和互动方式的改变是系统的调整,正如设备的替换是系统的调整。人和设备都是系统行为的部分,也都参与到系统调整的过程中来,因为设计团队需要人员和设备。我们可以认为创造系统部件(培训、设计、工程、建造)也是系统活动的一部分。因此,在一般情况下,人类和计算机在系统设计、开发、实施及使用过程中,都是可交互的主体。

进化是周期性反馈的过程,而反馈的动态作用往往导致需要平衡相互矛盾的不同性能层面。中心矛盾是一段时间后,选择和竞争的过程通常产生一种抑制创新的主导类型。在生物学和社会学中,这被称为“创始者效应”,在经济学中则称为垄断。要规避内部对改变的抑制,在恰当的时候(在与外界环境互动和反馈的情况下,由系统性能决定),流程必须能促进变化并破坏统一解决方案的稳定。一种方法是从生物学借鉴——生物体的生命周期或代际周期——并要求每过一段时间就要引入创新。这样促进改变看似和选择过程互相矛盾,因为在短期内,为已确立的解决方案提供替代选项看上去和选择当时情况下最有效的系统背道而驰。

另一个必须达到的平衡,在于传播推广改进后的系统和抑制这种传播之间,后者保障了足够的测试时间。如果太快采取这种改进,在被置于罕见但重要的情况中测试之前,一个短期内看似有效的方案就会占据主导地位，而在那些重要情况真正发生时又会导致大规模失败[12]。如果采取改进的速度太慢，系统则不能有效发展，就如前所述那样抑制了变化。

了解需要的平衡是当前的研究方向，尚无简单的指南。最好的办法是将有效和无效的进化表征提示给进化工程过程的管理者，这样他们能够辨识并作出进化环境的即时调整，以改善平衡。因为按照设计，在进化工程过程中，对过程自身进行迭代改进是可能的，这并不是一个关键制约。确实，这与如下想法一致：全面的预先设计通常是不可能的（就目前所知）；系统设计的目的是在自适应过程中有效。

在空中交通管制中的应用

在灾难风险很高的情况下，我们怎么应用进化过程来实现改变呢？我们的主要例子是前文讨论过的空管系统。类似的问题在其他高风险环境中也存在，比如核电行业以及军事领域。

空管系统中创新的问题尚未得到解决，因为我们仍然有“安全一票否决权”：如何在不给飞机上人员带来严重威胁的情况下改变空管员的工作方式？这是最终使AAS作废的问题。时至今日，空管系统中的创新依然进行得非常缓慢，因为任何提议的变化都需经过广泛的测试。

重要的是要认识到，实际上有一个将新组件引入空管系统的创新过程已顺利运转了数十年：培养并使用新的空中交通管制员。空管员要经过充分的准备，以及多阶段的在职培训。例如在培空管员作为实际管制员的阶段，仍有第二个管制员（督导）在场并拥有改写受训者发出的指令的权限。因此，当一个空管员受训时，他会在监督下执行任务，而督导的更高权限可以防止事故的发生。

同样的机制可以用于空管系统在硬件和软件上的创新。关键是要有两个执行相同功能的站点，其中一个在软硬件上进行革新，而另一个保持更常规的系统，但后者拥有改写前者的权限[13]。在这种情况下，两个站点都用有经验的空管员而非在培人员。这种双系统可以用来测试空管站的新选项，又有着相同的安全标准（这种双系统和目前的雷达控制/雷达辅助控制双重系统不同，但可以成为对后者的补充，或者实质性的改进）。

很多可能的技术创新都可以用这种方式来测试。举例说，传统的空管站由能对空域进行“扫视”的单色屏幕组成。对该系统的任何改变都可能带来问题。屏幕的扫描和当代显示屏技术相比非常过时，只是20世纪50年代有限技术的残留。然而，在连续监看的环境下，扫描动作本身可能有助于让人保持警觉。在这种情况下，静态显示屏会带来错误而非改善。类似地，（给显示器）增加显示的颜色看上去是个好主意，然而如果处理不当就会将空管员的注意力引向不重要的信息而适得其反。

如何安全地测试这些问题？可以通过使用连续显示、彩色显示或有其他变化的显示器组成一个训练环境来测试。给空管员足够长的时间来适应新系统，而改写的权限可以更长时间地保留以测试系统在各种情况下的表现：白天黑夜、交通流量的高低、极端天气等。既需要这种任务的冗余执行，也需要保留那些已经经过了广泛测试的之前的解决方案。实际上，我们可以预期很多显示器的变化都会分散空管员的注意力或无法使关键信息引起空管员的注意。没有这样广泛的实地测试，之后肯定会出错。

双重“训练者”的想法也存在生物学上的类比：动物的两套染色体。它们至少部分地作为安全系统来缓冲基因组变化的影响。在这种情况下，任何一套染色体都可能变化，因此有两个不同的并行系统在发生变化。错误的可能性很高，但除非在两套染色体中都存在，否则一套上的错误通常不会导致生物体功能的丧失。

使用双重训练者的系统在理想情况下会安排很多(甚至全部的)空管员成对工作,其中一人拥有改写权限。也可以设置双重改写权限来允许互相监管。有人会说使用两倍人数的空管员,开销将令人望而却步。然而,其替代方案已被证明是无效的——更新换代造成了30亿—60亿美元的直接浪费。这还不算每年因空管系统低效导致取消和延误的航班带来的持续损失。毕竟是这些持续损失激励了耗资几十亿美元的改进尝试。

冗余是一种实现系统稳定性和安全性的通用机制。我们在关于医疗错误的内容中深入探讨了这一点,那也是一个有着严格安全限制的领域。所需的冗余程度随着安全需求的提升而增加。可以在空管系统的环境下来理解任务冗余执行的重要性。空管系统以最大功能性水平存在,在这种情况下,系统引入任何改变都极有可能发生安全问题。引入冗余,就增加了额外一层安全保障。一旦系统有了通过冗余获得的额外安全保障,就有针对改变的试错空间。尽管每个引入的改变很小,在多处对各种小改变的并行测试仍可带来系统快速的变化。

需要注意的是,在这一流程中通过更广泛采纳创新来作出改变决策的是最接近流程本身的那些人——在这个例子中是空管员。在常规工程中,关于改变做最多决定的人远离执行流程,且常常没有直接经验(或至少没有**近期的**直接经验)。与此同时,引入技术创新的人仍是最熟悉技术的人,即系统的工程师和设计者,这些系统之后会根据实际评估来考核和采纳。

根据常规工程方法,一旦系统需要的总体概念、目标或功能确定了,工程管理的作用就是提供一系列逐渐细化的系统规范(如"瀑布方法"*)。

---

* 一种软件过程模型("瀑布模型")的方法。这种模型将软件开发过程分为制定计划、需求分析、软件设计、程序编写、软件测试和运行维护等六个基本活动,并且规定了它们自上而下、相互衔接的固定次序,如同瀑布流水,逐级下落。——译者

在进化工程中，管理的作用变得更加间接，它并不指定系统，而仅仅规定系统开发的流程和环境。系统的目标（通过所需功能来指定）嵌入流程所涉及的任务背景中。举例说，流程可以涉及双空管站的运作，而功能目标则通过对功能能力的直接评估体现出来。

这种间接管理看上去非常多余，然而它是让进化过程发生并见效的核心。说到底，在这种方法中，管理最重要的作用之一是建立一套机制，使变化的潜在后果变得更明显。这些后果是长期的、大规模的或累计的，因而（短期内）并不明显。比方说，以空管系统为例，能够直接衡量几乎要发生的失败（有惊无险）的概率是有效确保安全的关键。当系统发生了改变，这种衡量提供了系统在此变化下效能的反馈。这一反馈可以用来决定某个创新应在何时被更广泛地采用。

设计比赛规则

为了推广对进化工程模型的有效采用，有必要将它和日常经验联系起来。在本书开头部分我们广泛探讨了这个类比，但有必要指出，我们对进化的类比最常见的体验来自有组织的体育比赛。在这种情况下，比赛的框架是以顺利完成任务为眼下目标，就像生物学中的目标是通过消耗资源来顺利生存和繁殖。系统中的主体——人类、硬件和软件——争取执行任务的权利。我们也可以把它想象成一种经济或者市场，在这里执行任务就是目标。在职业体育和经济中，对于有效的执行都有外部财务奖励。然而，进化过程意味着成功可以用复制的方式来奖励，复制在这个情况下指的就是创新被更广泛地应用。的确，人类的竞争精神导致他们期望自己贡献的或正在使用的创新能被更广泛采用。因此，这种广泛采用的可能性应该就足以创造相互影响和建设性竞争的动力。管理者可以建设性地培养个人尤其是队伍间的竞技体育精神。

继续用体育的类比，从直觉上来讲就可以把创建进化工程背景想象成“制定比赛规则”。这些规则本身应该很简单。对于高度复杂系统的设计,要执行任务的复杂性就是系统要求的功能复杂性的来源。因此设计比赛规则的目标应该是避免因规则进一步增加复杂性。只设立必要的规则,且规则要尽量简单。

当管理者设立了比赛规则后,很关键的是他们**不要**明确指定这些问题的工程解决方案的实际机制或结构。相反,管理者应该期待问题的不同方面最终会采取各种无法预料的可能方案。要回避对可能方案多样性的限制,除非这对于比赛如何进行非常重要。系统最终可以由多种类型、有着不同尺寸和功能的部件组成。部件之间该高度整合还是松散协调,由进化工程过程本身来决定。如果高度整合的部件在任务中更成功,那么它们就更可能被采纳。关键的是部件可以在实际情况中使用,部件整合本身则完全不是目的。实际上,部件之间越紧密耦合,越难作出改变。因此,在部件演化的竞赛中,部件越小时创新的出现速率(系统的“演化力”)越大。作为一种指导,只有当松散协调的小部件无法满足功能需求时,才应该使用大尺度整合系统。

自然选择模型之上的人工进化

开明进化工程给重大工程项目效能的改善提供了一个重要的范式。尽管我们讨论的基础来自自然界进化的经验,但至少在两种情况下我们能够找到“人工”进化过程的例子,这些过程设计的意图就是加速演化以达到更高的适应速率。在本书前文介绍过的免疫系统和学习过程中都能找到这种例子。

在免疫系统的“成熟”过程中,也就是免疫系统提高抵抗外来物质(抗原)能力的过程中,涉及属于免疫反应一部分的进化改变。这由分子的复制引起,再通过和抗原结合的能力(亲和力)来选择“抗体”。在人类以及其他哺乳动物中,复制和选择的过程在被称为生发中心(germinal centers)的特殊位置被加速。在这些中心里,储藏着抗原的片段,并被用来测试涉及高复制率、短代际间隔和高速突变的加速进化过程产生的抗体的亲和力。这些变化和生发中心设计的其他方面已被证实对加速适应非常有效[14]。这在工程环境下的类比将是采用一个模拟中心,在其中进行加速的测试和对新原型的探索。在工程项目测试过程中,使用一定程度的模拟条件是很常见的,其生物学类比意味着在模拟和现实环境中采用多重迭代的平行进化策略,尤其是在模拟环境中对进化过程进行大大加速。

用以训练大脑模块化结构的学习过程包括了人在睡觉时的“离线时间”[15]。有人提出[15],睡眠在对模块化架构的分离模组的测试和细化中存在关键的心理功能作用。这一作用使各部分得以简化,从而让整个系统在避免部件过载的情况下得以学习新功能。在工程环境中的类比就是,在个体部件至少部分地与系统其他部分分离的情况下,评估它的功能作用,并进行训练、测试和重新设计。

这些生物学例子表明,离线实验(在空间或时间上和“现场”隔离)可以和现场实验结合使用。通过增加实验数量,我们加速了对有效策略或组件的采纳。尽管我们还不知道自然选择是否也能造就这种离线实验的机会,但准人工进化过程显然可以将之纳为流程的一部分。

结论

大型工程项目的复杂性导致了很多成本昂贵的项目的废弃,以及很多其他项目实施的严重受损。这些失败的原因在于项目本身的复杂性。复杂系统发展的系统性方法需要一个将个人和技术(软硬件)均作为进化过程一部分的进化策略。这一进化过程的设计必须能促成快速变异,同时保障系统的稳健性和整体安全性。当创建具备复杂功能和任务的复杂系统时,对进化过程在此环境下的系统性应用是创新的关键。

我们在这一章提出，大型工程项目应该作为进化过程来管理，它通过适应性创新经历连续快速的改进。迭代的、递增的、并行执行的改变导致了这种创新，因此创新和多样化的、具有各种尺寸和关系的小型子系统密切相关。制约和依赖会降低复杂性，于是也降低适应力，因此应只在必要时才采用。进化背景必须为任务表现和任务执行的系统建立必要的安全性。在此情况下，人和技术都是设计、实施和功能所涉及的主体。管理者基本的监管任务（元任务）是创造环境，并设计创新流程，以及通过对性能的充分衡量来缩短自然的反馈回路。在大型工程项目中，主要建议是尽量简化，避免采用不必要地引入复杂度和阻碍适应性的策略。

我们这里讨论的以工程系统为背景的相同策略可以应用到医疗系统甚至教育系统中（但会有些不同）。在医疗系统中，方案和工程系统中的很相似。进化过程涉及医疗从业者和设备组成的团队，如同我们在这里讨论的空管员和设备组成的团队。尽管空管系统环境下的重点在于设备，但空管员的行为也是系统行为的一部分。类似地，在医疗系统环境中，设备的改进和医疗从业者的行为模式都是进化过程的一部分。考虑行为模式的一种方法是把它们看作正式协议。引入一种新协议或个体和团队行为上的其他变化，是初步的创新。要创建这样的改进过程，以实际任务表现来衡量的反馈是必需的。类似地，如何改进系统的想法在广泛采用前也必须经由实际测试。此外，进行中的改变要求各种可能的解决方案在高复杂度的环境下被持续评估，以决定哪些步骤能改进系统。对医疗工作者而言，这种创新和改进的概念非常接近于医疗创新和改进的传统出现方式。当一个从业者有一种作出改进的想法，他会先以安全的方式进行测试，在多例成功的实验后，其他人才会采纳。主要的改变在于当今的反馈应反映团队的效能，而非个人。

如果没有额外的反馈机制，对于个体而言，通常很难知道自己所在团队的效能，以及产生这样效能的原因。因此，有效明确地设置团队效能的评估和反馈流程，是管理者培育进化过程的重要部分。培育这种进化过程应该能显著地提高改进系统的速度。

在教育系统中的进化改进过程同样需要持续的评估。在这种情况下，我们至少可以部分使用学生和家长的判断来在各种想要的教育环境中进行选择。在该环境下，进化更微妙的一个方面在于进化过程如何适用于学生。学生针对多个生态位的选择，即意识到存在多种方法可以让学生有效施展能力，意味着重点在于搞清哪一组教育活动对于某个孩子最为有效。进化的动力很大程度上是对学生应该处于哪种专门化教育环境的选择，而不是对教育系统的改进。在工程和医疗领域，当不同的设备或行为模式适应于不同的条件时，也会产生类似的问题，导致了对如何执行任务的专业化细分，以及将任务引导到合适位置的内在需求。

进化变化的广泛适用性是其独特地位的基本体现，它是我们所知唯一能产生既有效又高度复杂的系统的机制。为解决复杂问题，我们需要有效的复杂系统。因此，我们可以期待进化在我们的日常生活中扮演越来越重要的角色。

第十六章

结　论

为解决复杂问题,我们必须创建有效的复杂组织。这本书基本的挑战在于这个问题:我们如何创建比个人更复杂的组织?与复杂性共存充满挑战,但我们能够也应该了解对个人和组织而言如何做到这一点。每个个体或组织的复杂度都要和它们所执行任务的复杂度匹配。我们考虑一个高度复杂的问题时,通常想的是复杂到单个人无法理解的问题。否则,解决它的关键就不在于复杂度。当问题比一个人还要复杂时,解决问题的唯一办法就是让一群经妥善组织的人一起来解决它。当一个组织足够复杂时,它要正常运转,就要确保组织中的个人无须面对整个组织任务的复杂性。否则,就会不断发生错误。这种说法在逻辑上符合我们对于所面临问题复杂性的认识。

我们对组织人群的经验针对的是大尺度但并不很复杂的问题。在这种情况下,很多人做同样的事才能产生大尺度下的影响,因此才需要很多人。出于这个原因而组织人时,层级结构放大了个体的所知所想,因此层级结构能起作用。然而,层级结构(及其很多变种)不能执行复杂任务或解决复杂问题。分解一个复杂任务和拆分一个大尺度任务并不相同。

因此解决复杂问题的挑战需要我们了解怎么组织人群去形成复杂的集体行为。然而,首先我们必须摈弃通常意义上的集中化、控制、协调、计划等概念。上述这些方案是很多人的第一反应，因为它们在过去的确行之有效。取而代之的是，我们得弄清问题的特征，以便找出什么结构的组织可以解决这一问题，然后让组织流程展开行动。该组织的内部流程可以使用我们最好的计划和分析工具。最终，我们还必须让试验和进化过程来指导我们。通过建立一个作用到个人、团队和组织的快速学习过程，我们可以拓展组织的范围，让它们解决高度复杂的问题。

我充分意识到，作为个体，我对世界的认知是受限的。然而，我也希望这里的某些讨论对你有用。其他人可以在必要的时候对我所提出的进行补充或者反驳。

我希望有所贡献的基本概念如下：

· 独立性、分离和边界功能的重要性，以及与之对立的依存性、沟通和整合功能的重要性；

· 尺度和复杂度之间的制衡——增加在某一尺度上行为的可能性数量（即该尺度的复杂度）需要在其他尺度上降低复杂度；

· 系统要想成功，其每个尺度上的复杂度都要和环境（任务）在该尺度上的复杂度匹配；

· 分布式网络系统的多样性本质（比如免疫系统和神经系统的差异）——这些系统并不相同，但可以通过相同的基本原则来理解；

· 在组织不同层面展开的竞争与合作本质上的互补性；

· 合作与竞争对于形成复杂系统的建设性作用；

· 传统计划在创建和管理复杂系统中的局限，以及规划的环境对进化过程的重要性；

· 复杂系统基本思想的实用性。

稍不明显但同样重要的是认识并理解以下几点：

· 个体和群体差异作为复杂系统普遍属性的重要性及其深刻的矛盾性；

· 专门化在有效的集体行为中的重大意义，包括个体的专门化和大型子系统的专门化；

·“整合简单能力以产生功能强大的系统能力”这一非凡的涌现行为；

· 集体行为模式的普遍性质，它作为构建复杂系统的基本单元，功能就如同原子一般；

· 无处不在的模式形成和差异化过程，尤其是这些模式中的局部激活-远程抑制机制。

最后，伴随着对不断碰到的复杂问题的认识，我们也指出了社会复杂性的上升。这一上升的复杂性意味着巨大的能力。确实，这意味着我们正一起变得非常善于解决复杂世界中的复杂问题。

下面的小节简单回顾了我们针对诊断和解决当今世界面临的一些复杂问题的建议。此外，我们在本书的最后提供了一些成功系统的案例，来证明采取复杂系统方法的力量和效用。

对系统进行诊断

当我们面对当今世界看似棘手的问题时，诊断问题之所在，并弄清为何发生问题，是迈向解决问题的第一步。从经验上看，很多时候我们尝试解决问题的方法，反而提高了问题的难度。不幸的是，我们仍在用中心化权威和将一个人的意志强加给他人的方法来解决社会问题。这是我们尝试解决复杂问题的标准方案，也是问题无法解决的原因。在讨论这些问题时我们也用着过时的比喻。就像在军事冲突那一章我们所讨论的，我们仍在使用“消除贫困的战争”“毒品战争”这样的术语（马上还会有“教育系统的战争”)来形容这一系列努力。讽刺的是,哪怕是当今的军事冲突也常常不再符合传统“战争”的概念。美军在阿富汗证明了它具备了对复杂战争的某种理解。这不光是因为军方人士学习了复杂系统的概念(他们的确也学了),更多是因为他们有一个短得多的学习反馈回路。如果军方做的事情行不通,相比其他领域,他们会更早知道这一点。然而,之后的伊拉克战争又表明他们并未普遍理解复杂战争。需要强调的是,军队的政治领导可能没有这种军事经验,因此指挥军队的方式和经验相悖。

本书的重点在于,吸取采用传统方法解决复杂问题中获得的经验教训。我们分析了传统方法在诸多领域的失败,包括医疗、教育、工程、发展中国家发展和反恐战争。在这些情况下,失败的表征和普遍存在的局部问题引发的危机感有关。在我们分析的每一个例子中问题都无处不在,但局部条件占了上风(让人认为问题是特殊而非普遍的),掩盖了传统的集中化策略的错误。这就是行动的复杂性。

确实,要解决复杂问题,首先要理解系统的复杂度曲线:复杂度和尺度在需完成的任务中存在的方式。可以通过分析各个尺度上的复杂度来总结这一曲线。复杂度曲线表现了系统行为重复(或需要重复)的程度,以及系统行为该以何种程度去响应不同地点、随时间推移不同情况下的局部条件。

通常,分析方法应注意区分大尺度过程(因此可以被高效执行)和高复杂度的过程(因此需要专业化的个人或者团队来执行)。一旦确定了大尺度任务,就可以采取传统的集权、制定标准、要求统一、规划升级和提高效率的方法。一旦确定了复杂任务,就应该采取复杂系统进化的方法,包括:分散决策、行动和权限;设定功能目标和改善方向;支持个人主动性;衡量实际效能;施加冗余;结成合作性队伍;制定在职能团队层面以绩效反馈来促进竞争的规则。可以说,应对复杂问题难度更高,因为没有哪一种通用的组织结构能应对所有情况。然而,我们的讨论表明,可以通过分析信息流来决定哪种组织形式行得通。此外,我们也可以不加分析而以进化过程的方式让其自发形成。

医疗系统和教育系统的特征都是在精细尺度上高复杂度的任务对执行个体(医生、教师)提出高要求。实时响应系统的工程项目,以及旨在发展健全社会的国际努力,都想要建立异常复杂的系统。反恐战争看上去是关注一个局部的潜在恐怖分子网络,然而,在它之下似乎是一个在集体社会文化过程中涉及数十亿人的全球动态。下面我们简要总结这些问题。

医疗和教育

对于医疗和教育,我们要改善美国或其他社会内部的系统,而这些系统拥有明确的功能作用。我们主要关注这些系统的效率和效用。如今,这两个系统都在向着更同质化改变。然而它们的起点大不相同,医疗系统比起教育系统要个人化得多。在两种情况下,我们通过复杂系统分析知道,大多数任务都是高度复杂的,而统一的方案不会见效。

通过得知任务是否有效完成,我们可以理解医疗系统和教育系统存在差异的原因。医疗系统注重的任务可以快速观察到成功与否(经常是以生死的形式),而教育系统所关注的任务需要长期观察才知道结果。这就导致我们能很好地衡量一个医生的工作,却很难评估一个老师工作做得怎样。

产生的后果就是,医疗系统成了基于高度专业化医生的高度复杂系统,他们能执行高度复杂的任务。它拥有一套分诊系统将病人导向合适的医生。教育系统也有一定程度的专门化,但它是逐渐出现的,大多数在大学或研究生院中。在小学和中学中鲜有专门化,不过有少数的磁石学校*是例外。在绝大多数中学里，老师有着有限的专业化细分，而学生的道路选择就更为有限了。

此外，医疗系统有一整套严格的训练流程来培训能够应对高度复杂任务的医师。相比之下，教师培训系统远不如前者苛刻和广泛。患者对医生有大量的选择，而学生和家长对老师几乎没有选择（近年来，医保计划有减少系统内对医生选择的趋势。如同其他很多已发生的变化，这是个有问题的趋势）。

从总开销的角度来说，迅猛增长的美国医疗保健预算已经超过了国内生产总值的15%，而教育开销却一直相对稳定，占国内生产总值的6%—8%**。医疗系统以处理少数高成本的特例为导向，而教育系统以低成本的统一连续过程为导向。

医疗系统现在正通过对个体医师行为的管控趋向更统一，其主要目的在于提高效率。然而这就导致在执行日渐复杂的任务时效能降低。低质量与高错误率进一步刺激对医生行为的管控。与此同时，教育系统也趋向更统一，而其出发点主要是提高质量。这是因对问题根源认识有误而导致南辕北辙的典型案例。

在这两种情况下，复杂系统方案意味着我们都应该使用局部竞争来改善复杂任务的质量，在针对大尺度问题时使用统一性来提高效率。

尽管医疗系统已经有各种形式的竞争来提高个体医生的医疗水准，但这些竞争应该通过改进反馈得到强化，并强调团队的作用以处理在传统医师专业化下无法应对的复杂问题。与此同时，在医疗保健领域的众多方面中确认大尺度问题，将有重大机会通过人群（而非个体）

---

* 美国一种通过提供各种特色课程（被喻为“磁石”）来吸引学生的公立学校，类似于我国的特色学校。——译者

** 源自2004年的数据。——译者

护理的方式来达到更高的效率。这一点特别重要，因为需要减轻执行复杂任务的财政压力，也因为疾病预防的重要性（通过大尺度任务可以至少部分实现预防）。

为了达到必要的个体化提升，教育系统需要更根本的变革。主要的变化是要发展更高复杂度的局部专业化，以符合复杂的教育任务对效能的需求。关键在于既增加教学的专业化，又给学生设立导引流程，使之能在自己最适宜的教育环境中学习。通过发展个体技能来重视个体差异，这样能让学生在日益多元化的工作中脱颖而出。此外，必须开发新的评价体系以适应成功的多元化和高标准。

这两个系统都要遵循以其组织结构去适配任务这一通用原则。医疗系统应该发展额外的结构以应对人群的大规模需求（预防性保健和检测筛查）。从另一方面说，教育系统需要开发一套能够有效教育每个孩子的高度复杂的系统。此外，两个系统都应发展局部的竞争性进化过程，以提高系统执行复杂任务的质量。

工程和国际发展

政府、军队、民间、大型企业所采用的针对高度复杂系统工程的现行方法都是基于直接计划的。旨在促进发展中国家经济和社会发展的国际干预也采用了计划的方法。这两个领域中失败的项目带来的巨大挫折已足以证明计划不能创造有效的复杂系统。

要解决这些问题，我们再次推荐为改善医疗和教育系统所提的建议。首先要考虑所涉及任务的尺度和复杂度。这一分析将揭示系统结构在不同尺度上的重要性，以及它们该如何去适配对象任务。其次，针对不太复杂的任务依然采取传统的计划设计和实施流程。最后，基于进化过程创造环境，以塑造所需系统的高复杂度的方面。

在工程和发展的环境下，对计划的偏爱出于对"认真计划就能确保成功”的期待。具体来说，它确保我们能在想要的时间以事先确定的代价，得到我们想要的。但复杂任务，以及执行这些任务所必要的复杂系统，容不下这么高的确定性。

我们该用什么来替代这种“安全感”呢？能够并行积累递增变化的进化流程能让我们预先用远小于项目整体开销的一部分钱，以快得多的反馈来获知已取得的改进成果。通过进化过程创建的任何项目，都要设计成在相对较短的时间内提供对系统功能重要且能被观察到的改变。这和常规的基于设计的流程形成鲜明对比，后者需要很长时间才能获得新系统效用的信息。这种延迟本身正是人们看重计划的原因，因为计划能规避在不知道工作进展的情况下大量投资，于是就形成了一种循环。较早出现且经常发生的进化的改善，则可以确保进行中的投资会有成果。

军事冲突和恐怖主义

我们开篇就谈到了军事冲突，因为从中很容易看到复杂系统的一些关键理念。特别是，为何由坦克师组成的大规模部队在海湾战争中有效，而高度复杂的特种部队在阿富汗更有效。

当今世界正经历着各种类型的军事冲突，如伊拉克战争、反恐战争和其他很多较少报道的冲突。美军在伊拉克战争中采取的方法，尺度和复杂度明显不匹配，后者掌握在抵抗美军的不同个体和团体手中。如果美军想充分利用其在复杂冲突中的丰富经验，就需要从这些经验中提炼出知识，以确保在将来可以倚靠知识而不是仅凭一厢情愿。

反恐战争涉及的恐怖分子既具备高复杂度，又具有多样性的可选目标。这就增加了他们造成重大破坏的机会。然而对抗他们的组织也非常复杂：来自多国多地的军队、情报部门、执法部门、外交和其他组织。尽管的确有必要开展联合行动，但以常规方式整合并协调这些力量或许反而是一个重大威胁(因为这样做会降低它们应对复杂情况的能力)。

和我们讨论的其他主题一样,采取多尺度、多层次视角的重要性非常显著。个人自由永远以削弱集体行为为代价存在,而集体行为永远以削弱个人自由为代价存在,组织内的任意两个层面都存在取舍。美国所强调的尊重个体层面差异并不够,还有必要发展对各个层面上社会系统差异的理解。

当系统有效时

在这一节我们来回顾几个案例,它们展示了有计划的进化竞争和合作环境如何在当今经济环境中存在并取得惊人的成功,也证明了通过复杂系统框架来解决问题所能取得的成果。

马歇尔计划

第二次世界大战之后的马歇尔计划是欧洲在饱受战争蹂躏后能快速复苏的基础(包括冲突的双方,即联邦德国和意大利,以及英国、法国、荷兰和其他国家)[1]。它的成功和第一次世界大战后的政策形成鲜明对比,后者是由战胜国强加的,本质是惩罚性的政策,其带来的毁灭性经济后果常被认为推动了法西斯主义的发展,不久之后就导致了第二次世界大战。

马歇尔计划是特意以一种不寻常的方式提出的——通过在哈佛大学的短篇演讲——且可以被总结为"(你们)显然有需求,告诉我们该怎么帮忙,我们就会帮忙的"。这种方式明确摒弃了计划和中心控制,而有利于采取出于当地最直接相关者的理解的行动。结果也的确形成了多种多样的协助。实施马歇尔计划的经济合作署给各种或大或小的项目直接提供财政支持、贷款和贷款担保[2],将欧洲经济快速复苏和之后的增长归功于它是有道理的。而且,为了避免对财政支持产生长期依赖性,马歇尔计划的执行时间被限定在四年。

从马歇尔*的演讲中可以明显看到他对采取这种政策的原因的深刻理解。其中包括对以下多方面的认识:经济互动和关系的内部结构的重要性,经济和社会政治不稳定性间的互相关联,强加外部解决方案的不明智,以及世界惊人的复杂性。以下对马歇尔演讲的摘抄就表明了这些认识[3]:

我不必告诉各位世界局势非常严峻……其中一个困难在于大量事实所展现出的巨大的复杂性……使之异常困难……以达到一个对现状的清晰评估……生命的逝去、可见的破坏……被正确地评估了,但在最近几个月已经越来越明显的是,可见的破坏很可能远不如欧洲经济整体结构的错位严重……长期以来的贸易关系、私人机构、银行、保险公司、运输公司都消失了……欧洲的商业结构在战争中彻底崩塌了……欧洲在接下来的三四年中对粮食和其他基本产品——主要来自美国——的需求远超过它现在的支付能力,以至于其必须有持续的额外援助,不然就要面对经济、社会和政治上的严重恶化……美国应该尽其所能提供援助以使世界经济回归正常,不然就没有政治稳定也没有和平的保障。我们的政策不反对哪个国家或者哪种主义,而是针对饥饿、贫穷、绝望和混乱。其目的应该在于世界经济的复苏……这个政府未来所提供的任何援助不应该只是权宜之计,而应是解决问题的方法。任何愿意协助这一复苏任务的政府都会得到完全的合作,我以美国政府的名义保证……由这个政府来单方面拟定一个项

* 这里指的是时任美国国务卿的马歇尔(George Marshall)。——译者

目以使欧洲经济重整旗鼓，既师出无名也徒劳无功。这是欧洲人自己的事。我认为，倡议必须来自欧洲。本国的作用应该包括在欧洲起草方案时提供友好援助，并在之后量力而行地支持这一方案……

国际市场

使得商品交换摆脱中央协调的“自由市场”能力是如今世界大部分经济的发展基础。然而，市场经常从包含一定的中央计划和协调的框架中产生。这种系统可以称之为“意愿市场”，它与我们讨论的采用复杂系统方法的发展框架相对应，其中的演化竞争与合作能塑造有效的系统。纽约证券交易所(NYSE)就是一个这样的例子。

纽约证券交易所[4]的存在是美国经济活动的一个中心特征，并且服务于全世界的企业和投资者。它可以溯源至1792年的《梧桐树协议》(*Buttonwood Agreement*，该协议由24家股票经纪商签署)，并在1817年形成名为纽约证券交易委员会的正式组织，起草了规定交易规则的章程。从实际效果上说，这些规则为竞争创立了一个合作框架。

在2003年底，共有2750家公司的股票参与交易，总市值17.3万亿美元。这些公司的股份可以由代表投资者的交易员来交易，也就是投资者给交易员支付佣金，让其为自己进行股票买卖。每笔交易都是想出售股份者之间的竞争，同时也是想购入股份者之间的竞争。

公司股份的持有者有权出售它们，或从其他持有者那里买入股份。如今，投资者通常选择将资金和股份保存在纽交所成员公司或通过纽交所成员进行交易的公司的投资账户中。纽交所是个有效的系统，其关键原因在于交易的成本较低，因此佣金也低，很多人选择在此进行买卖。2003年的交易总值接近10万亿美元。

如同很多其他市场，这个市场的关键特征之一是能有效满足个人需求。特别是它可以完成极大或极小的交易。比方说，近几年来最大额单笔出售价值超过54亿美元。另一方面，价值约10美元的交易佣金也屡见不鲜，并且交易没有金额下限。交易所的成员持续在广泛的服务上相互竞争。比方说，在互联网得到广泛应用后，他们很快开始了基于互联网的服务。

国际市场表明了为竞争设立结构化合作框架是如何促进完成复杂任务的。它在市场层面是一种合作，在买家和卖家层面是竞争，并在作为买方和卖方的组织之内促成了非常有效的合作。这些竞争者在执行任务时变得非常有能力，而整个市场的运转也对社会非常有利。

威士(VISA)国际组织和万事达卡(MasterCard)国际组织

大多数人不知道，如果按收入算，世界上最大的企业是威士国际组织。它不是上市公司，而是一个由大约21 000个成员所有的组织，这些成员就是发行带有VISA名称信用卡的公司。很多成员都是银行，但也不完全如此。希尔斯百货、迪士尼等其他公司也是其成员。万事达卡国际组织是一个类似的由成员所有的企业，有大概25 000个成员。基于信用卡的总交易，这两个国际信用卡组织的总收入大约为4.3万亿美元，其中威士信用卡占3万亿，万事达卡占1.3万亿。尤其不同寻常的是，它们合起来约占全球个人消费总额的13%。个人消费约占全球经济的一半，而个人消费剩下的87%主要是通过现金和支票*。通过这些信用卡组织进行的消费比例正在持续增长，并且预期在未来还要继续增长。

万事达卡国际组织以银行合作社的形式成立于1966年(银行卡协会)，在1976年为应对威士国际组织的成立而改名为万事达卡国际组

* 基于2004年的数据。——译者

织。威士国际组织通过成员公司的协议于1976年成立，它取代了由美国银行控制的一个系统。它的创立者霍克（Dee Hock）在创立这个组织时，意识到了复杂系统和自身工作之间的关系。他的自传名为《混序时代的诞生》（*Birth of the Chaordic Age*），而"混序"就是将"混乱"和"秩序"组合起来的一个词[5]。

威士国际组织和万事达卡国际组织都是以一个框架的形式创立，其中的成员在彼此竞争的同时，又相互合作来为竞争创建框架。这和国际市场类似，并且是我们探讨的进化环境的自然实现。该系统并非所有功能都与理论一样，但有着很强的对应关系。

尽管以总交易额来衡量，这些组织的规模令人印象深刻，但对于我们如何看待它们的成功而言，特别重要的是它们在社会中发挥服务功能的能力，这种服务是普遍的、全球化的，并且具备很多重要的局部因素。确实，威士信用卡和万事达卡无处不在的性质使得它们的组织几乎不被关注，像墙纸一样成了我们生活环境的一部分。

开源运动

开源运动涉及一群软件开发者的集合。称之为"开源"运动是因为每个人都可以访问各种应用的原始程序——常被称为"源代码"。源代码是免费的，通常可以从网络下载。要想参与，就必须遵守一个构成了该社区行为框架的协议，其主要功能是强加了对程序中所做修改的一般访问权限。

因此，这是一个自我定义的程序员社区，他们可以通过改写源代码来改进程序，并通过某种程度的中心化批准过程（从某种意义上说，就像社区中产生了受人尊敬的权威人士），在广为发行的软件中实施这些特定的改进。然而，众多的版本是可以共存的。所以，这就存在多层面的竞争——既存在于想让自己的创新被包含在发行版软件中的个体间,也存在于不同版本的软件间。这种竞争不是出于经济效益,而可能是出于知道(或者得到公众承认)很多人使用了自己贡献的部分。经济利益并没有被社区活动所排除。任何人都可以出售基于这些程序的产品,也可以为其他用户提供类似顾问或技术支持这样的服务。

有些人完全只是使用者,从某种程度上说,他们是开源产品的消费者。然而,很多用户同时也是程序的生产者,因此这种区分一般不是很明显。

当时,开源运动开发的系统之一——Linux,在互联网底层服务器中得到了广泛应用,这挑战到了太阳微系统公司和微软这些投入大量精力来开发软件的传统企业。美国国际商用机器公司(IBM)在2002年的报告[6]中称,它投资10亿美元使其计算机与Linux兼容,通过销售和提供给用户的服务已经收回了投资。据报道,2003年运行Linux的服务器的总销售额为28亿美元,占服务器市场的6%[7]。销售额和市场份额之后都在迅速增长,2004年第一季度的销售额为10亿美元,占整个市场的8%。此外,由于Linux服务器往往成本较低,它的销售数量在当时占了服务器销售总量的约15%。

这是一个极好的例子,说明这个社区如何共同开发出一种产品,能够在很多市场上对私有公司软件形成挑战。为何开源运动能挑战到这些公司,尤其是微软(它是目前为止最大的软件公司,并且在与其他公司的竞争中屡获成功)?进化过程的有效性提供了一种见解。关键不仅在于每个竞争者如今所处的位置,还在于开源运动的发展速度超过了微软。

开源社区是我们描述过的进化过程的一个例子。社区规则为互动和竞争创立了一个框架,但对结果软件不进行指明或计划。大量近乎独立的个体给开源软件引入创新的速率是非常高的。大多数的创新会被立刻拒绝,或在很短的时间后被抛弃(这和在食品市场中引入新产品的情况一样)。那些最终被采纳的创新很可能就在最好的几个中。社区的有效性证实了和计划相比,进化方法的优势。

软件开发仍在广泛的领域中进行。值得注意的是,开源运动开始在微软的"主场"赢得市场份额,而微软的垄断力量原本是可以阻止任何人在那里获得市场份额的。

总结

在本书中,我们描述了一些原理,它们阐明了复杂系统如何有效地应对复杂环境。我们的社会异常复杂,常让我们不知所措,但也有潜力来创建一个对每个人而言都更具保护性、建设性的环境,并与越来越有效的集体行为联系在一起。

我们在提供教育、医疗保健、工程和经济发展等基本福祉时所面临的困难,很大程度上是出于我们对复杂的集体力量认识不够。随着我们在这方面增长见识,这些困难一定能迎刃而解。

注释和参考文献

第一篇 概念

第一章 部分、整体和关系

1. 只关注系统的部分而不关注部分间的关联，就像只知道所有英文书都是由26个大小写字母和标点符号组成。

2. 在本书会反复引用下面这本教材，下文都简称为DCS：

· Y. Bar-Yam, *Dynamics of Complex Systems* (Perseus Press, 1997). http://www.necsi.org/publications/dcs

3. 关于涌现的各种形式的讨论请参考：

· Y. Bar-Yam, A mathematical theory of strong emergence using multiscale variety, Complexity 9: 6, 15–24 (2004).

4. DCS, pp. 91–95.

第二章 模式

1. 模式形成系统的数学描述是图灵(Alan Turing)提出的：

· A. M. Turing, The Chemical Basis of Morphogenesis, Philosophical Transactions of the Royal Society B (London) 237, 37–72 (1952).

这里描述的简单模式形成规则叫作元胞自动机，它以空间阵列作为元素，由冯·诺伊曼(John von Neumann)引入：

· J. von Neumann, *Theory of Self-Reproduction Automata*, edited and completed by A. Burks (University of Illinois Press, 1966).

这些规则在20世纪70年代被进一步发展。很多人都很熟悉一种特定的规则叫作康威“生命游戏”。该书收录了很多作者的原始科学文章和广泛的书目：

· *Theory and Applications of Cellular Automata*, edited by S. Wolfram (World Scientific, 1983).

关于元胞自动机的教学介绍可以参考DCS第112—145页；DCS第621—698页提供了模式形成的讨论。

2. 要更好地理解哺乳动物身上发生的，就要知道这些产生色素的细胞本身也是可动的。在运动中，它们有与其他细胞相互聚集或相互远离的倾向。吸引力和排斥力一起导致了形成的模式。具体的机制或许不同,但这种模式形成的一般原则的趋势特征是:和近处的行为相同,和远处的行为不同。见DCS第621—698页。

本章涉及的商标:

· 宝可梦是任天堂公司的注册商标;

· 豆豆娃是Ty公司的注册商标。

第三章 网络和集体记忆

1. 描述神经系统数学模型起源的文集可见:

· *Neurocomputing*, edited by A. Anderson and E. Rosenfeld (MIT Press, 1988).

原始赫布印记模型可见:

· D. O. Hebb, *The Organization of Behavior* (McGraw-Hill, 1949).

简单的吸引子/联想网络模型的介绍可见:

· J. J. Hopfield, Neural networks and physical systems with emergent collective computational properties, Proceedings of the National Academy of Sciences (USA) 79, 2554-2588 (1982).

关于吸引子和前馈网络的教学讨论可见DCS第295—328页。

2. 理解创新的问题在以下集合中讨论:

· *The Creativity Question*, edited by A. Rothenberg and C. R. Hausman (Duke Univ. Press, 1976).

· *Creative Thought*, edited by T. B. Ward, S. M. Smith and J. Vaid (American Psychological Association, 1997).

对大脑细分结构的描述可见:

· M. S. Gazzaniga, R. B. Ivry and G. R. Magnum, *Cognitive Neuroscience*, 2nd edition (W.W. Norton & Company, 2002).

复杂系统细分结构的普遍重要性可见:

· H. Simon, *Sciences of the Artificial*, 3rd edition (MIT Press, 1996), Chapter 8.

大脑细分结构和创造性之间关系的讨论可见:

· DCS, pp. 328-419.

· Y. Bar-Yam, Why (partially) subdivide the brain, NECSI Research Report YB-0008 (1993).

· R. Sadr-Lahijany and Y. Bar-Yam, Substructure in Complex Systems and Partially Subdivided Neural Networks I: Stability of Composite Patterns, InterJournal of Complex Systems [1] (1995).

以下提出了一个观点——要解释语法的普遍性,以及儿童没有接触足够的语言就发展了语言能力,就意味着大脑中必须存在某种天生的语言获取系统:

· N. Chomsky, *Aspects of a theory of syntax* (MIT Press, 1965).

以上注释描述了在语言获得过程中大脑结构细分的作用[DCS, pp. 328-419,

and Y. Bar-Yam (1993)]。

第四章 可能性

1. 关于通信和信息的数学理论可见:

· C. E. Shannon, A Mathematical Theory of Communication, Bell Systems Technical Journal, July and October 1948; reprinted in C. E. Shannon and W. Weaver, *The Mathematical Theory of Communication*(University of Illinois Press, 1963).

关于复杂度概念的大量研究使用了香农发展的信息的概念,或另一套由萨洛蒙诺夫(Salomonov)、柯尔莫哥洛夫(Kolmogorov)和蔡廷(Chaitin)独立发展的概念:

· R. J. Solomonoff, A Formal Theory of Inductive Inference I and II, Information and Control 7, 1-22(1964); 224-254(1964).

· *Selected Works of A. N. Kolmogorov, Volume Ⅲ: Information Theory and the Theory of Algorithms*(*Mathematics and its Applications*), edited by A. N. Shiryayev (Kluwer, 1987).

· G. J. Chaitin, *Information, Randomness & Incompleteness*, 2nd edition (World Scientific, 1990); *Algorithmic Information Theory*(Cambridge University Press, 1987).

2. 十分引人注目的是,图片或电影捕捉了关于被摄系统的某些信息,而自身无须与对象系统具有相同的机制。这就是描述的本质。

3. 严格地说,香农考虑的情况是当语言之间存在确定的翻译方式时。

4. 系统地考虑各个尺度的复杂度的方法可见:

· DCS, pp. 716-825.

· Y. Bar-Yam, Complexity Rising: From Human Beings to Human Civilization, a Complexity Profile, NECSI Research Report YB-0009(1998). http://necsi.net/projects/yaneer/Civilization.html

· Y. Bar-Yam, Multiscale representation: Phase I, Report to the Chief of Naval Operations Strategic Studies Group (2001).

· Y. Bar-Yam, Complexity Rising: From Human Beings to Human Civilization, a Complexity Profile, in The Implications of Complexity, edited by J. Goldstein and U. Merry, in *Encyclopedia of Life Support Systems*(*EOLSS*)(UNESCO EOLSS Publishers, 2002). http://www.eolss.net

· Y. Bar-Yam, General Features of Complex Systems, in *Encyclopedia of Life Support Systems*(*EOLSS*)(UNESCO EOLSS Publishers, 2002). http://www.eolss.net

· Y. Bar-Yam, Sum rule for multiscale representations of kinematic systems, Advances in Complex Systems 5, 409-431(2002).

· Y. Bar-Yam, Unifying Principles in Complex Systems, in *Converging Technology (NBIC) for Improving Human Performance*, edited by M. C. Roco and W. S. Bainbridge(Kluwer, 2003), pp. 335-360.

· Y. Bar-Yam, Complexity of Military Conflict: Multiscale Complex Systems Analysis of Littoral Warfare Report to Chief of Naval Operations Strategic Studies Group (2003).

· Y. Bar-Yam, Multiscale complexity/entropy, Advances in Complex Systems 7, 47–63 (2004).

· Y. Bar-Yam, Multiscale Variety in Complex Systems, Complexity 9:4, 37–45 (2004).

· Y. Bar-Yam, A Mathematical Theory of Strong Emergence Using Multiscale Variety, Complexity 9:6, 15–24 (2004).

第五章　组织中的复杂度和尺度

1. 复杂度和尺度在人类文明中的应用，以及对复杂系统而言中心化控制的不足，可见第四章注释4中的参考文献。

2. A. Toffler, *Future Shock* (Random House, 1970).

3. 在复杂环境中复杂的必要性在阿什比(Ashby)的“必要多样性定律”中有所陈述：

· W. R. Ashby, *An Introduction to Cybernetics* (Chapman and Hall, London, 1957).

第四章注释4中的参考文献描述了复杂度与多尺度分析相匹配的一般化。

第六章　进化

1. 达尔文的原著仍然是可读性很高的进化论解释，并且网上有各种重印版本：

· C. Darwin, *The Origin of Species by Means of Natural Selection* (1859); (Reprinted by Wildside Press, 2003). http://www.literature.org/authors/darwin-charles/the-origin-of-species/

2. 新达尔文主义的方法将遗传学的作用纳入了进化

· R. A. Fisher, *The Genetical Theory of Natural Selection* (Clarendon Press, 1930).

· J. B. S. Haldane, *The Causes of Evolution* (1932)(Reprinted by Princeton University Press, 1990).

· S. Wright, *Evolution and the Genetics of Populations. Volume 1: Genetic and Biometric Foundations* (U. Chicago Press, 1968); *Volume 2: Theory of Gene Frequencies* (U. Chicago Press, 1969); *Volume 3: Experimental Results and Evolutionary Deductions* (U. Chicago Press, 1977); *Volume 4: Variability Within and Among Natural Populations* (U. Chicago Press, 1978).

3. 对以基因为中心的观点的描述可见：

· R. Dawkins, *The Selfish Gene*, 2nd edition (Oxford University Press, 1989).

4. 对以基因为中心的新达尔文主义方法局限性的正式数学讨论可见：

· DCS, pp. 604–614.

· Y. Bar-Yam, Formalizing the gene-centered view of evolution, Advances in Complex Systems, 2, 277–281 (2000).

· H. Sayama, L. Kaufman and Y. Bar-Yam, Symmetry breaking and coarsening in spatially distributed evolutionary processes including sexual reproduction and disruptive selection, Physical Review E 62, 7065 (2000).

从技术上讲，以基因为中心的观点将进化过程归因于可分配给单个等位基因的特性（即适应性）。如果我们能将一个等位基因的可能环境取平均值，那么将特性分配给那个等位基因是有道理的。然而，如果该等位基因正好处于由其他等位基因组成的遗传环境中，无论好坏，这就是用进化衡量它成功与失败的环境。如果该等位基因可以出现在几个环境中，我们就不能对环境取平均值，因为特定环境的出现概率随着代际也有不同。描述该等位基因比例变化的方程并未包含对环境变化的描述。比方说，有些情况下等位基因的比例并未变化，然而每种环境的比例发生了变化。这种环境概率的变化也是进化的一部分，而不是与进化分隔开的。需要新的方程作为描述进化的一部分，这就意味着我们不能将进化变化的特性分配给等位基因。

从概念上说，人们经常意识到哪怕在以基因为中心的观点中，自私性也不是全部，因为一个等位基因的适应性也取决于它与同一生物体内其他等位基因的合作。然而，困难在于，后者被当成了该等位基因的一种特性——它的“合作度”。这有一定的道理。问题在于，一个等位基因与其他等位基因合作的好坏也取决于其他等位基因，而不光是它自己。只有当我们找到所有可能的等位基因组合并将之平均，得到的“合作度”才是该等位基因自己的特性，而非其所处群组的特性。细想一个运动的类比（将会在下一章讨论）或许会对该讨论有帮助。特别是，尽管“球员合作度”可以被视为一个球员的一种特性，而一个球员合作的程度和效果也取决于他的具体队友。因此通过所有可能球员组合得到的平均合作度并不代表该球员事实上的合作度，也无法决定队伍的成败。

5. 关于进化中利他主义的争论的历史可见：

· E. Sober and D. S. Wilson, *Unto Others: The Evolution and Psychology of Unselfish Behavior* (Harvard University Press, 1998).

6. 关于讨论对于基因选择、个体选择和群体选择的许多种方法的一系列文章可见：

· *Genes, Organisms, Populations: Controversies Over the Units of Selection*, edited by R. N. Brandon and R. M. Burian (MIT Press, 1984).

科学界拒绝群体选择始于对偏好群体选择团队的工作的回应：

· V. C. Wynne-Edwards, *Animal Dispersion in Relation to Social Behavior* (Hafner, 1962).

对拒绝群体选择想法的陈述可见：

· J. Maynard-Smith, Group selection and kin selection, Nature 201, 1145–1147 (1964).

· G. C. Williams, *Adaptation and Natural Selection: A Critique of Some Current Evolutionary Thought* (Princeton University Press, 1966).

索伯和威尔逊(Wilson)(见注释5)探讨了群体选择理论的生物学相关性。相关理论研究和实验性研究可见:

· M. Gilpin, *Group Selection in Predator-Prey Communities* (Princeton University Press, 1975).

· M. Wade, Group selection, population growth rate competitive ability in the flour beetle, Tribolium spp., Ecology, 61, 1056–1064 (1980).

7. 索伯和勒沃汀对以基因为中心观点的批判可见:

· E. Sober and R. C. Lewontin, Artifact, cause and genic selection, Philosophy of Science 49, 157–180 (1982).

8. 近期的研究表明,如果进化模型包括了生物在空间中的分离(而不是将它们都混合在一起),通常会导致更利他的行为。和利他变种相比,自私的变种创造了一个不利于它们后代的环境。参考关于社会行为起源的一篇研究:

· J. K. Werfel and Y. Bar-Yam, The evolution of reproductive restraint through social communication, Proceedings of the National Academy of Sciences (USA) 101, 11019–11024 (2004).

博弈论中,以囚徒困境为背景探讨了类似的问题:

· Robert Axelrod, *The Evolution of Cooperation* (New York: Basic Books, 1984).

另一篇文献为:

· M. A. Nowak, A. Sasaki, C. Taylor and D. Fudenberg, Emergence of cooperation and evolutionary stability in finite populations, Nature 428, 646–650 (2004).

进化中的其他复杂系统问题可见:

· S. A. Kauffman, *At Home in the Universe: The Search for Laws of Self-Organization and Complexity* (Oxford University Press, 1995).

9. 关于进化中空间和边界作用的研究可见:

· H. Sayama, L. Kaufman and Y. Bar-Yam, Spontaneous pattern formation and genetic diversity in habitats with irregular geographical features, Conservation Biology 17, 893–900 (2003).

· H. Sayama, L. Kaufman and Y. Bar-Yam, Symmetry breaking and coarsening in spatially distributed evolutionary processes including sexual reproduction and disruptive selection, Physical Review E 62, 7065 (2000).

· H. Sayama, M. A. M. de Aguiar, Y. Bar-Yam and M. Baranger, Spontaneous pattern formation and genetic invasion in locally mating and competing populations, Phys. Rev. E 65, 051919 (2002).

· E. M. Rauch, H. Sayama and Y. Bar-Yam, Dynamics and genealogy of strains in spatially extended host pathogen models, Journal of Theoretical Biology 221, 655–664 (2003).

· E. Rauch, H. Sayama and Y. Bar-Yam, Relationship between measures of fitness and time scale in evolution, Physics Review Letters 88, 228101 (2002).

· M. A. M. de Aguiar, E. M. Rauch and Y. Bar-Yam, On the mean field approximation to a spatial host-pathogen model, Physical Review E 67, 047102 (2003).

第七章 竞争与合作

1. 竞争与合作在组织的不同层级上是相互支持的,这一想法通常可以通过群体选择的思想来理解,该书又探讨了多层面选择:

· E. Sober and D. S. Wilson, *Unto Others: The Evolution and Psychology of Unselfish Behavior* (Harvard University Press, 1998).

直接的讨论可见:

· Y. Bar-Yam, General Features of Complex Systems, in *Encyclopedia of Life Support Systems* (*EOLSS*) (UNESCO EOLSS Publishers, 2002). http://www.eolss.net

2. 请参阅第六章注释3—9。

3. 举例来说,请参阅J. M. Smith and E. Szathmary, *The Major Transitions in Evolution* (W. H. Freeman Press, 1995)。

第二篇 解困

第九章 军事战争与冲突

1. 本章基于如下文章:

· Y. Bar-Yam, Complexity of military conflict: Multiscale complex systems analysis of littoral warfare, Report to Chief of Naval Operations Strategic Studies Group (2003).

2. 对复杂系统和军事的相关性的讨论可见:

· Marine Corps Doctrine 6: Command & Control, U.S. Marine Corps (1996).

· http://www.clausewitz.com/CWZHOME/Complex/CWZcomplx.htm

· http://www.dodccrp.org/publicat.htm

· A. Beyerchen, Clausewitz, nonlinearity and the unpredictability of war, International Security 17:3, 59–90 (1992).

· L. Beckerman, The Nonlinear Dynamics of War, Science Applications International Corporation (1999). http://www.belisarius.com/modern_business_strategy/beckerman/non_linear.htm

3. 举例来说,请参阅A new breed of soldier, Newsweek, p. 24 (Dec. 10, 2001)。

4. 对神经系统的讨论可见：

· *Neurocomputing*, edited by A. Anderson and E. Rosenfeld (MIT Press, 1988).

对免疫系统的讨论可见：

· *Design Principles of the immune system and other distributed autonomous systems*, edited by I. Cohen and L. A. Segel (Oxford University Press, 2001).

5. 请参阅：

· S. J. A. Edwards, Swarming on the battlefield: Past, present, and future, RAND MR-1100-OSD (2000).

· J. Arquilla and D. Ronfeldt, Swarming and the future of Conflict, RAND DB-311-OSD (2000).

6. M. Van Creveld, *Command in War* (The Free Press, 1991), p. 89.

7. 古代战争也经常包括高度复杂的部分,《圣经》中也有对游击战的描述。即使这不是新话题,但常规军事战略通常还是围绕大规模冲突而设计的。

第十章　医疗保健Ⅰ:医疗保健系统

1. Y. Bar-Yam, Multiscale analysis of the healthcare and public health system: Organizing for achieving both effectiveness and efficiency, Report to the NECSI Health Care Initiative, NECSI Technical Report 2004-07-01 (2004).

2. World Health Report 2000 (World Health Organization, 2001).

3. 请参阅 D. Altman and L. Levitt, The sad story of health care cost containment as told in one chart, Health Affairs, Web Exclusive (January 23, 2003)。

4. J. Sterman, *Business Dynamics* (McGraw-Hill, 2001).

5. 见注释1。

6. 这是第十五章介绍的进化观点。

第十一章　医疗保健Ⅱ:医疗错误

1. Y. Bar-Yam, System care: Multiscale analysis of medical errors—Eliminating errors and improving organizational capabilities, Report to the NECSI Health Care Initiative, NECSI Technical Report 2004-09-01 (2004).

2. Institute of Medicine, To Err is Human: Building a Safer Health System (National Academy Press, 2000).

3. A. Goldstein, Overdose kills girl at children's hospital, Washington Post (April 20, 2001).

4. M. Smith and C. Feied. http://www.necsi.org/guide/examples/er.html

5. 举例来说,对于包含用读码器在床边核查步骤的电子处方单系统,必须允许药剂师在系统中更改处方单。

6. 对于医生科室的(视觉)识别在不同环境下多少会有帮助。比方说在小医院，药剂师或许认识所有医生，那么一个清晰的签名就足够了。从另一方面说，对于门诊，处方单可以自动添加医师的科室，在此种情况下药剂师通常不认识医生。

更具针对性的方法是关注容易彼此混淆的特定药物，给药剂师提供这些名字最容易混淆的药物名单。当药剂师面对包含名单上药物的处方单时就会格外小心，仔细检查笔迹，或者核查药物是否和医生科室相符。这就是一个"异常处理"系统：它以特殊的方法来处理可能会出错的情况。然而，异常处理系统给负责检验异常的人增添了巨大的负担。出于有效性，每个处方单都应该对照药物名单进行检查。如果异常药物名单只包含一两种情况，这还说得通，否则它本身就变成一个高度复杂的任务。如果药剂师目前的任务已经高度复杂，这就不是一个好方法。此外，如果处方单书写不清，可能还得返回至医生处询问，这样的核查增添了额外的时间，也增添了医生的负担。

7. 关于配方系统效果的研究可见：

· S. D. Horn, P. D. Sharkey, D. M. Tracy, C. E. Horn, B. James and F. Goodwin, Intended and unintended consequences of HMO cost-containment strategies: Results from the managed care outcomes project, American Journal of Managed Care 2, 253–264 (1996).

· S. D. Horn, P. D. Sharkey and C. Phillips-Harris, Formulary limitations and the elderly: Results from the managed care outcomes project, American Journal of Managed Care 4, 1104–1113 (1998).

8. Institute of Medicine, Crossing the Quality Chasm: A New Health System for the Twenty-First Century (National Academy Press, 2001).

第十二章　教育 I：学习的复杂性

1. P. Senge, N. Cambron-McCabe, T. Lucas, B. Smith, J. Dutton and A. Kleiner, *Schools that Learn* (Doubleday, 2000).

2. A. Davidson, M. H. Teicher and Y. Bar-Yam, The role of environmental complexity in the well being of the elderly, Complexity and Chaos in Nursing 3, 5 (1997).

3. R. J. Sternberg, *Thinking Styles* (Cambridge Univ. Press, 1997).

4. H. Gardner, *Frames of Mind* (Basic Books, 1983); Are there additional intelligences? in *Educational Information and Transformation*, edited by J. Kane (Prentice Hall, 1998).

5. 有趣的是，在一些关于与注意障碍儿童的互动的建议中，强调将简化其环境作为一种改善方式。举例来说，参见 http://add.about.com/cs/forparents/a/tipsparenting.htm。

第十三章　教育Ⅱ：教育系统

1. National Commission on Excellence in Education, U.S. Department of Education, A Nation at Risk: The imperative for educational reform (1983).

2. 2003年美国国内生产总值数据来自：

· World Factbook 2004 (CIA, 2004).

3. National Center for Education Statistics, Office of Educational Research and Improvement, U.S. Department of Education, Highlights from TIMSS, The Third International Mathematics and Science Study (1999).

4. 请参阅：

· Datamonitor, Global Movies and Entertainment (2003).

· IFPI, The Recording Industry In Numbers (2004). http://www.ifpi.org

· Playing to win in the business of sports, The McKinsey Quarterly (2004).

5. S. Covey, *Seven Habits of Highly Effective People* (Simon & Schuster, 1990).

6. D. C. Berliner and B. J. Biddle, *The Manufactured Crisis* (Perseus Press, 1996).

7. 请参阅 M. Gormley, Records show teachers cheating on tests, Associated Press (Oct. 26, 2003)。

8. D. Goleman, *Emotional Intelligence* (Bantam Books, 1995).

第十四章　国际发展

1. H. Rämi, Food aid is not development: Case studies from North and South Gondar, Report to UN Emergencies Unit for Ethiopia (2002). http://www.reliefweb.int/library/documents/2002/undpeue-eth-1jul.pdf

2. 请参阅：

· Dams and development: A new framework for decision making, The World Commission on Dams (2000). http://www.damsreport.org/

· Statistics on the world bank's dam portfolio, World Bank (2000). http://www.worldbank.org/html/extdr/pb/dams/factsheet.htm

3. J. D. Wolfensohn, The challenge of inclusion, World Bank (1997).

4. 在信奉自由市场的人与信奉苏联式计划经济的人之间的辩论中，很多经济学家熟悉了“计划陷阱”。

5. 对非洲气候变化的描述见：

· S. E. Nicholson, Climatic and environmental change in Africa during the last two centuries. Climate Research 17, 123-144 (2001).

· D. Verschuren, K. R. Laird and B. F. Cumming, Rainfall and drought in equatorial east Africa during the past 1,100 years. Nature 403, 410-414 (2000).

6. 全面发展框架的方法认识到了这一点，不过一些政治目的可能损害了这一认识。

第十五章 开明进化工程

1. 本章基于以下文章:

· Y. Bar-Yam, Enlightened evolutionary engineering—Implementation of innovation in FORCEnet, Report to Chief of Naval Operations Strategic Studies Group (2002).

· Y. Bar-Yam, When systems engineering fails—toward complex systems engineering, International Conference on Systems, Man & Cybernetics 2003, Vol. 2, 2021-2028 (IEEE Press, 2003).

另见:

· Y. Bar-Yam and M. Kuras, Complex systems and evolutionary engineering, An AOC WS LSI Concept Paper, HERBB (2003).

2. 至少还有三个原因。第三个原因是,不像那些从零开始建设系统的常规工程计划,当代工程计划越来越多使用现成部件,如同管理层负责决定采购哪种装备。第四个原因与软硬件系统工程师现在将这些人工实体视为可交互的主体这一变化有关。第五个原因是对人的训练和章程也是系统设计的一部分。这进一步模糊了管理和工程之间的界限,但它不应和人与计算机的相互可取代性混淆。人类和计算机仍然擅长截然不同的任务,最好的系统能认识到这一点,并且相应地分派任务。

3. Committee on Transportation and Infrastructure Computer Outages at the Federal Aviation Administration's Air Traffic Control Center in Aurora, Illinois [Field Hearing in Aurora, Illinois] hpw104-32.000 Hearing date: 09/26/1995.

4. 此表格涉及的参考文献有[部分由萨尔泽(J. Saltzer)提供]:

· 驾照、车辆登记系统——加利福尼亚州车管局

◦ R. T. King, Jr., California DMV's computer overhaul ends up as costly ride to junk heap, Wall Street Journal, East Coast Edition, 5B (April 27, 1994).

◦ J. S. Bozman, DMV disaster: California kills failed $44M project, Computerworld 28:19, 1 (May 9, 1994).

◦ C. Appleby & C. Wilder, Moving violation: state audit sheds light on California's runaway DMV network project, InformationWeek, No. 491, 17 (Sept. 5, 1994).

◦ G. Webb, DMV's $44 million fiasco: how agency's massive modernization project was bungled, (California Dept of Motor Vehicles) San Jose Mercury News, 1A (July 3, 1994).

◦ G. Webb, DMV-Tandem flap escalates, San Jose Mercury News, 1A (May 18, 1994).

◦ M. Langberg, Obsolete computers stall DMV's future, San Jose Mercury News, 1D (May 2, 1994).

· 自动预约、售票、航班安排、燃料提供、餐饮和一般行政——美国联合航空

◦ A. Pantages, Snatching defeat from the jaws of victory, News Scene (monthly column), Datamation (March, 1970).

· 全州自动化儿童支援系统(SACSS)——加利福尼亚州

◦ T. Walsh, California, Lockheed Martin part ways over disputed SACSS deal, Government Computer News State and Local (February, 1988).

◦ California State Auditor/Bureau of State Audits, Health and Welfare Agency, Lockheed Martin Information Management Systems Failed To Deliver and the State Poorly Managed the Statewide Automated Child Support System, Summary of Report Number 97116 (March 1998).

· 酒店预约和航班——希尔顿酒店、万豪酒店、美国航空

◦ E. Oz, When professional standards are lax: the CONFIRM failure and its lessons, Communications of the ACM 37:10, 29-36 (October, 1994).

· 高级后勤系统——美国空军

◦ P. Ward, Congress may force end to Air force inventory project, Computerworld IX, 49 (December 3, 1975).

· 金牛股票交易系统——英国证券交易所

◦ H. Drummond, *Escalation in Decision-Making* (Oxford University Press, 1996).

· 美国国税局税务系统现代化

◦ R. Strengel, An Overtaxed IRS, Time (April 7, 1997).

· 美国联邦航空管理局高级自动化系统

◦ U.S. House Committee on Transportation and Infrastructure, FAA Criticized for Continued Delays in Modernization of Air Traffic Control System (March 14, 2001).

· 伦敦救护车电脑协助派遣系统

◦ Report of the Inquiry into the London Ambulance Service, The Communications Directorate, South West Thames Regional Health Authority (February, 1993).

5. W. S. Cohen, Computer Chaos: Billions Wasted Buying Federal Computer Systems, Investigative Report, U.S. Senate, Washington, D.C. (1994).

6. Standish Group International, The CHAOS Report (1994).

7. U.S. House Committee on Transportation and Infrastructure, FAA Criticized for Continued Delays in Modernization of Air Traffic Control System (March 14, 2001).

8. 下面的新闻报道了FAA在纽约州锡拉丘兹(又名雪城)不顾检测中的错误实施STARS系统。FAA调用了一个从未使用过的合同条款来强制使用了该系统。由于系统故障,航班只得交由手动跟踪。

· J. D. Salant, Union question new traffic control, Associated Press (June, 2002).

9. 阿什比的"必要多样性定律":

· W. R. Ashby, *An Introduction to Cybernetics* (Chapman and Hall, 1957).

对多尺度分析的一般化请见(另请见第四章注释4):

· Y. Bar-Yam, Multiscale variety in complex systems, Complexity 9:4, 37–45 (2004).

10. DCS, p. 756.

11. Y. Bar-Yam, Enlightened Evolutionary Engineering/Implementation of Innovation in FORCEnet, Report to Chief of Naval Operations Strategic Studies Group (2002).

12. E. Rauch, H. Sayama and Y. Bar-Yam, The role of time scale in fitness, Physical Review Letters 88, 228101 (2002).

13. 哪怕没有计划,新老系统的并行使用也在多个实例中出现。比方说,FAA在锡拉丘兹机场实施STARS系统时,空管员继续使用老系统作为后备(参见注释8)。尽管至少是部分出于无意,类似的现象也出现在1998年10月的海军舰队战斗实验-德尔塔(FBE-D)中。该实验是与1998年鸥鹰演习结合完成的,后者是一项美韩年度联合军演。相对于本章推荐的进化流程,实验本意是将新系统和传统系统并行使用(但新系统不真正进行指挥)来比较两者效能。然而,操作员决定新的实验性系统更好,并倾向于用实验性系统来完成任务。如同针对该实验的一篇报告所述,[Fleet Battle Experiment Quicklook Report, Maritime Battle Center, Navy Warfare Development Command, Navy War College, Newport, RI (2 November 1998) pp. 2–4]"对目前流程和新系统进行效能比较的初始设计无法完成,因为操作员采用了实验架构来支持军演项目。这种意外使用……证明了新系统的价值……"的确,在如下观察中,进化方案更加清楚地证明了创新系统和常规系统实时共存的重要性,这样新系统可以在实际操作中得到测试,并且可以根据需要或期望使用原始系统:"随着1998年鸥鹰演习和FBE-D的开展,新系统过渡到对鸥鹰演习的完全支持。操作员使用了鸥鹰演习和FBE-D功能提供的最佳通信途径。"

14. D. M. Pierre, D. Goldman, Y. Bar-Yam and A. S. Perelson, Somatic evolution in the immune system: The need for germinal centers for efficient affinity maturation, Journal of Theoretical Biology 186, 159(1997).

15. DCS, pp. 371–419.

第十六章 结论

1. http://www.marshallfoundation.org/about_gcm/marshall_plan.htm

2. 马歇尔基金会网站表述:"马歇尔计划是一个复杂的任务,难以描述。"http://www.marshallfoundation.org/marshall_plan_examples_aid.html

3. G. C. Marshall at Harvard University on June 5, 1947; Congressional Record, 30 June 1947. http://www.marshallfoundation.org/marshall_plan_speech_harvard.html

4. http://www.nyse.com

5. D. Hock, *Birth of the Chaordic Age* (Berrett-Koehler, 1999).

6. 源自被广为报道的蔡德勒(B. Zeitler)在2002年1月Linux世界大会上的陈

述:http://techupdate.zdnet.com/techupdate/stories/main/0,14179,2844061,00.html。

7. 基于市场调研公司加特纳(Gartner)的估计的报告:

· http://news. com. com/IBM+rises, +Sun+sinks+in+server+market/2100-1010_3-5165213.html

· http://www.midrangeserver.com/tlb/tlb060104-story01.html

图书在版编目(CIP)数据

解困之道:在复杂世界中解决复杂问题/(美)亚内尔·巴尔-扬著;沈忱译.—上海:上海科技教育出版社,2021.10(2023.10重印)
(哲人石丛书.当代科普名著系列)
书名原文:Making Things Work: Solving Complex Problems in a Complex World
ISBN 978-7-5428-7591-4

Ⅰ.①解… Ⅱ.①亚… ②沈… Ⅲ.①系统科学—研究 Ⅳ.①N94

中国版本图书馆CIP数据核字(2021)第167704号

责任编辑 林赵璘 匡志强
装帧设计 李梦雪

JIEKUN ZHI DAO
解困之道——在复杂世界中解决复杂问题
[美] 亚内尔·巴尔-扬 著
沈忱 译

出版发行 上海科技教育出版社有限公司
(上海市闵行区号景路159弄A座8楼 邮政编码201101)
网　　址 www.sste.com www.ewen.co
经　　销 各地新华书店
印　　刷 常熟市文化印刷有限公司
开　　本 720×1000 1/16
印　　张 16.25
版　　次 2021年10月第1版
印　　次 2023年10月第3次印刷
书　　号 ISBN 978-7-5428-7591-4/N·1131
图　　字 09-2020-020号
定　　价 58.00元

Making Things Work:
Solving Complex Problems in a Complex World

by

Yaneer Bar-Yam